高等学校新工科计算机类专业系列教材

Unity 虚拟现实技术及其应用

主编　刘东峰　杜　鹃

西安电子科技大学出版社

内 容 简 介

Unity3D(后面简称 Unity)是虚拟现实应用和游戏开发的主流引擎。作为一个功能非常强大的游戏开发引擎，Unity 系统庞大且复杂。本书抽取 Unity 的基础核心内容进行分析和讲解：首先，详细介绍了 Unity 可视化编辑器的使用方法；其次，详细讲解了 Unity 提供的数学类和辅助工具类，比如向量、矩阵、四元数等；最后，在介绍相关背景知识的基础上详细剖析了主要核心组件及其对应的 C# 类的使用方法，包括变换组件、输入组件、光照和渲染组件、物理组件、音效组件、粒子系统组件等。

本书介绍了 Unity 的核心模块的相关背景知识，使得相应知识点具有一定的完备性，同时也让零基础的读者可以快速入门。另外，本书具有较强的实践特色，详细讲解了模块的每个参数的含义，仔细剖析了函数的功能和使用方法，条理清晰。本书还给出了大量代码示例，读者可以学习、修改、运行这些代码，提高实践能力。

本书可以作为计算机、信息科学等相关专业高年级本科生的教材，也可以作为教师、科研人员和相关培训机构人员的参考材料，还可以作为希望快速、深入学习虚拟现实技术、增强现实技术、3D 游戏的学生和开发人员的阅读资料。

图书在版编目(CIP)数据

Unity 虚拟现实技术及其应用 / 刘东峰，杜鹃主编. —西安：西安电子科技大学出版社，2022.5(2022.7 重印)

ISBN 978-7-5606-6398-2

Ⅰ. ①U… Ⅱ. ①刘… ②杜… Ⅲ. ①游戏程序—程序设计—高等学校—教材 Ⅳ. ①TP317.6

中国版本图书馆 CIP 数据核字(2022)第 045987 号

策　　划	明政珠	
责任编辑	高　樱	
出版发行	西安电子科技大学出版社(西安市太白南路 2 号)	
电　　话	(029)88202421　88201467	邮　　编　710071
网　　址	www.xduph.com	电子邮箱　xdupfxb001@163.com
经　　销	新华书店	
印刷单位	陕西天意印务有限责任公司	
版　　次	2022 年 5 月第 1 版　2022 年 7 月第 2 次印刷	
开　　本	787 毫米×1092 毫米　1/16　印张　16.5	
字　　数	389 千字	
印　　数	501～2500 册	
定　　价	42.00 元	

ISBN 978 - 7 - 5606 - 6398 - 2 / TP

XDUP 6700001－2

如有印装问题可调换

前　言

随着时代的不断前进，信息技术取得了突飞猛进的发展，虚拟现实技术和增强现实技术得到了广泛的重视及应用。虚拟现实技术的应用开发涉及面非常广，需要多门学科的基础知识，包括计算机图形学、计算机网络、声学、力学与运动学、人工智能等。在实际开发中，开发引擎是必不可少的工具。

Unity3D(后面简称 Unity)是目前虚拟现实应用和游戏开发中使用最为广泛的开发引擎。Unity 入门虽然容易，但要真正深入掌握并实现高效率的开发是非常困难的，其学习过程并不轻松。从掌握程度来说，学习 Unity 从易到难可以分为三个层次：第一层次，能掌握 Unity 编辑器的简单使用，即通过拖曳窗口的方法实现参数设置，完成开发；第二层次，在第一层次的基础上，能较为全面且深入地掌握 Unity 的各个功能模块及其应用程序编程接口（API）；第三层次，在前面两个层次的基础上，能基于 Unity 框架构建不同平台的应用系统架构，进行产品优化。针对第一层次，目前市面上有较为丰富的学习材料。本书希望在兼顾第一层次的基础上，重点介绍第二层次的学习内容。由于 Unity 的 API 系统过于庞大，其官方文档又大多晦涩难懂，因此本书筛选了基础且核心的 API 进行分析和讲解，不仅介绍了相关背景知识，还提供了大量的编程示例。

为了让更多希望或正在学习虚拟现实技术、增强现实技术及游戏开发的学生能够快速、深入掌握 Unity 的相关概念和方法，作者结合多年的教学和实践经验，精心编写了本书。全书共 8 章，主要内容包括 Unity 开发引擎，基础数学工具，变换组件，用户输入，观察、光照与渲染，物理效应，声音效果，粒子系统。本书每章的编程示例都经过了精心测试，突出基本概念与实践相结合，面向应用，旨在提高学生的动手能力。

本书的书名虽然是《Unity 虚拟现实技术及其应用》，但所分析和讲解的内容同样可以应用到游戏开发中，所以，在本书中交替使用"虚拟现实应用"与"游戏"等表述，是为了方便游戏开发领域的读者阅读和学习。此外，在表述 C#类时，会用到"方法""函数""成员函数"等术语，它们的含义相同。

对 Unity 的 C#类进行分析和讲解时，本书将 C#类的 attribute 表述为类的属性，将 C#的 property 表述为类的性质。另外，为了阅读方便，本书用了不同方框对不同类型代码进行区分：圆角方框中的内容为 C#类的性质，直角方框中的内容为 C#类的函数，折角方框中的内容为代码示例（每个代码组件的名称均以 fvc 开头）。

Unity 的一个代码组件是一个 C#类，同时也是一个文件，所以在本书中经常使用 fvc_x_x 代码组件、fvc_x_x 类、fvc_x_x 文件等表述，它们的含义一样。

本书作者刘东峰和杜鹃为广东工业大学的一线教师。本书在编写过程中得到了广东工业大学信息工程学院电子信息系各位老师的大力支持，还得到了广东工业大学教务处的大力支持，在此一并表示衷心的感谢！

希望通过对本书的学习，读者能学有所得。由于作者水平有限，加之时间仓促，书中不妥之处在所难免，欢迎广大同行和读者批评指正。

作者
2022 年 1 月
于广东工业大学

目　　录

第 1 章　Unity 开发引擎

本章首先简单介绍了虚拟现实技术及其应用,然后介绍了 Unity3D(后面简称 Unity)及其安装,讲解了 Unity 编辑器的基本操作和各个模块的基本功能,详细分析了 Unity 的组件架构、游戏对象,最后分析了 Unity 提供的若干特定用途的技术,包括 Unity 协程、预制体、资源包。通过对本章的学习,读者可以利用 Unity 编辑器创建应用程序,建立虚拟场景,为场景添加游戏对象,对游戏对象的位置和方位进行设计和调整,给游戏对象添加组件。

1.1　虚拟现实与 Unity 开发引擎

虚拟现实(Virtual Reality,VR)是指用计算机技术模拟真实环境,让用户得到“真实”的体验,其从根本上改变了人与世界的互动方式。近十年来,虚拟现实(VR)技术及其应用得到了蓬勃发展。在过去,一些工作场景或过程(比如应急响应、灾害防备、危险品泄漏等)搭建或运行起来非常困难,或者非常昂贵,或者非常危险。借助 VR 技术,上述过程不仅可以再现,而且具有高性价比、高安全性,可以无限制重复。

要开发一个成功的 VR 系统,需要考虑多方面的要素,有艺术方面、社会学方面,还有心理学方面的,但其根本还是技术方面的。下面我们给出 VR 系统所要用到的基本技术。

(1) 3D 图形技术:用以构建 VR 系统的高沉浸性的虚拟视觉环境,这是 VR 系统最关键和最基本的构成技术。它涉及图形技术中的核心要素,如实时渲染、着色器、材质、光照、动画等。

(2) 音效技术:模拟真实环境中的各种声音,得到逼真的虚拟听觉环境,这也是一个成功 VR 系统必不可少的技术。

(3) 物理仿真技术:模拟真实世界的物理量或物理过程,比如重力、爆炸、空气阻力、滑动摩擦等。

(4) AI 技术:利用有限状态机、路径跟随、路径查找、避障算法、网格导航、神经网络等算法使非玩家角色具有一定程度的智慧,增进游戏的吸引力,增加虚拟现实应用的真实感。

(5) 用户界面(UI)技术:与建立在屏幕 2D 空间的游戏 UI 不同,VR 中的 UI 必须建立在三维空间中。

(6) 网络技术:利用网络技术构建在线、多用户 VR 系统。

头戴设备是目前 VR 系统的核心设备。头戴设备有桌面头戴设备和移动头戴设备两类。桌面头戴设备作为计算机的外围设备,与计算机相连,利用计算机提供的强大图形处理能力,可以得到高质量的虚拟环境。移动头戴设备通过两个镜片观看嵌入的手机,可得到双目立体视觉。头戴设备的典型产品有 Google Cardboard、Samsung Gear VR、Zeiss VR One。除了头戴设备,有些 VR 应用需要触觉和力反馈装置。

目前，VR 技术已经在实际生活和生产中得到了不同程度的应用。在工业应用方面，VR 技术主要用于机械工程、工业设计、建筑和土木工程。在医药与健康领域，VR 技术主要用于康复训练、医疗诊断，即在传统医疗设备的基础上利用 VR 技术增强诊断水平。比如，医院使用 MRI 或其他扫描设备得到数据，利用 VR 技术构建器官或骨头的模型，进行更加直观和精准的分析。在教育/训练领域，利用 VR 提供基于真实环境的虚拟场景和音效，模拟真实环境下的物理过程，在系统指引下实现人机互动，从而达到训练的目的，特别是在真实环境中无法进行的训练科目(比如太空环境、核爆炸场景等)或费用昂贵的项目(比如飞机驾驶等)，用 VR 技术代替真实环境可以达到训练的目的。

Unity 是 Unity 技术公司(Unity Technologies)于 2005 年发布的一款跨平台游戏引擎，可广泛应用于 2D/3D 游戏及 VR、AR 应用的开发，目前支持近 20 种不同的目标平台。Unity 提供了成套工具，用来快速实现游戏/VR 应用中的方方面面，比如图形处理及渲染、音效、场景/关卡设计和开发。

Unity 的官网地址为 www.unity.com，中文官网地址为 www.unity.cn。截至 2021 年 11 月，最新版本为 2021.2.0。本书以 2020.1.0 的 Windows 版本为例进行分析和讲解。读者先在官网注册，便可下载相应版本，安装过程在此略过。完成 Unity 的安装之后，在桌面有 Unity Hub 和 Unity Editor 的快捷方式图标，直接双击便可打开。

1.2 Unity 的可视化编辑器

1.2.1 新建项目

下面演示一个简单的 Unity 应用程序的建立和运行过程，基本步骤如下：

(1) 打开 Unity Hub，见图 1-1。点击"新建"按钮，得到图 1-2 所示的新建 Unity 项目界面。选择项目模板类型，默认是 3D 类型，接着选择项目位置，并设定项目名称，最后点击"创建"按钮新建一个 Unity 项目。

图 1-1 Unity Hub 界面

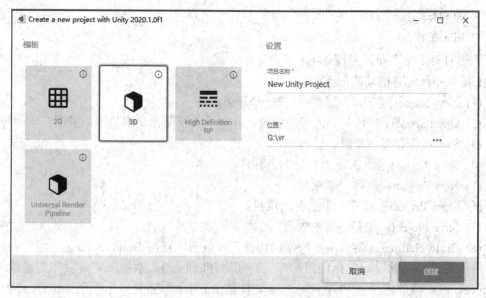

图 1-2 新建 Unity 项目界面

(2) 新建一个项目之后，系统会自动产生一个游戏场景(Scene)。场景中默认添加了两个游戏对象(Game Object)：相机游戏对象(Main Camera)、光照游戏对象(Directional Light)。使用快捷键"Ctrl + S"保存游戏场景，并命名为 FirstScene。

(3) 使用快捷键"Ctrl + P"便可以在编辑器中运行游戏。

1.2.2 编辑器界面

新建一个 Unity 项目之后，系统会显示 Unity 编辑器界面，见图 1-3。图中用彩色方框和文字标注了不同栏目的名称，接下来我们详细介绍各个栏目的功能和使用方法。

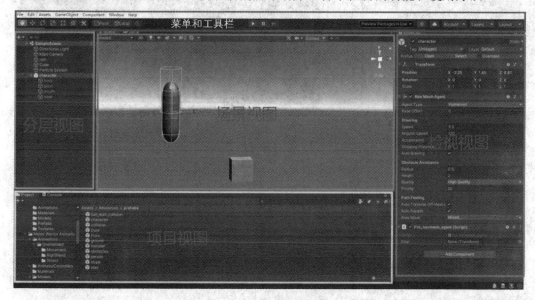

图 1-3 Unity 编辑器界面

1. 菜单栏

1) File 菜单

点击打开 File 菜单，见图 1-4。

File 菜单所包含的功能如下：

(1) New Scene：在当前项目中新建一个场景。

(2) Open Scene：打开一个已有的场景，并在场景视图窗口中显示场景图。

(3) Save：保存当前场景。

(4) Save As：将场景保存为另外的名称。

(5) New Project：新建一个项目。

(6) Open Project：打开一个已有的项目。

(7) Save Project：保存当前的项目。

(8) Build Settings：游戏应用程序的构建设置按钮。点击 Build Settings，将打开如图 1-5 所示的窗口。此窗口包括应用程序运行平台(Platform)、添加所需要发布的场景(Add Open Scenes)、播放器设置(Player Settings)、构建(Build)、构建并运行程序(Build And Run)。

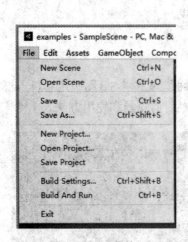

图 1-4 File 菜单　　　　　　　图 1-5 项目构建设置窗口

(9) Build and Run：构建并运行程序。

2) Edit 菜单

Edit 菜单提供了对场景中游戏对象进行编辑的功能，大多数功能都提供了相应的快捷键。下面逐一介绍这些快捷键。

(1) Ctrl + A：全选当前场景中的游戏对象。

(2) Shift + D：Ctrl + A 的反操作，去掉全选。

(3) Ctrl + Z、Ctrl + Y、Ctrl + X、Ctrl + C、Ctrl + V：针对游戏对象和面板参数的常用编辑操作，分别表示回撤、重做、裁剪、拷贝、粘贴。

(4) Ctrl + Shift + V：将一个拷贝或剪切的游戏对象，粘贴为选中的某个游戏对象的子对象。

(5) Ctrl + D：复制一个游戏对象，相当于拷贝并粘贴。

(6) Delete：将选中的游戏对象删除。

(7) Ctrl + F：在分层视图或场景视图中查找游戏对象。

(8) Shift + F：拉近选中的游戏对象。

(9) Ctrl + P：运行游戏。

(10) Ctrl + Shift + P：暂停运行的游戏。

Edit 菜单栏有一个重要选项——项目设置(Project Settings)。点击项目设置选项可以打开项目设置窗口，见图 1-6。通过该窗口可以设置项目的各个模块，比如音效、图形等。我们在后续学习各个模块时会逐一介绍如何进行相关设置。

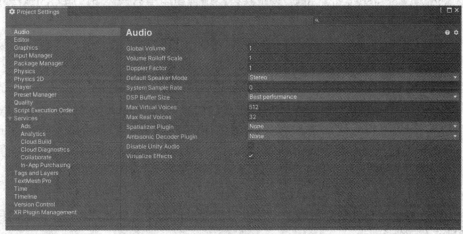

图 1-6　项目设置窗口

Edit 菜单栏还有一个重要选项——使用偏好(Preferences)。点击使用偏好选项，打开编辑器的使用偏好设置窗口，见图 1-7。

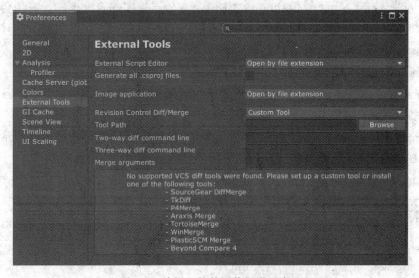

图 1-7　编辑器的使用偏好设置窗口

下面我们逐一介绍图 1-7 中各项的作用。

(1) General：选中该项，在窗口右边显示一系列参数。各参数的含义如下：

① Auto Refresh：表示当资源改变时，编辑器是否需要自动更新资源。

② Directory Monitoring：表示对文件夹下文件的更新进行反映，而不是周期性地对所有项目文件进行监视。

③ Load Previous Project on Startup：表示编辑器启动时总是导入上一次退出时的项目。

④ Compress Assets on Import：表示在导入资源时自动压缩该资源。

⑤ Disable Editor Analytics：表示是否阻止编辑器自动将数据分析送到 Unity 开发组，这些数据是用户使用 Unity 编辑器过程中的分析结果，比如一些菜单的使用、构建时间等，主要用于开发组将来改进编辑器。

⑥ Show Asset Store search hits：表示是否在项目视图中显示应用商店中的免费和付费资源。

⑦ Verify Saving Assets：表示在退出编辑器时弹出窗口显示并进一步确认要保存的资源。

⑧ Script Changes While Playing：当编辑器处于"Play"状态时，该选项确定在代码/脚本被改变的情况下编译器的反应。该状态有三个选项：Recompile and Continue Playing，表示重新编译改变的代码，并继续在编辑器中播放游戏；Recompile After Finished Playing，表示播放结束之后再编译代码；Stop Playing And Recompile，表示先停止播放，再编译代码。

⑨ Code Optimization On Startup：表示编辑器播放游戏时选用 Debug 还是 Release 模式运行代码，如果是前者则运行慢，但可以进行调试，如果是后者则运行快，代码优化，但无法进行代码调试。

⑩ Editor Theme：编辑器皮肤，可选 Personal 或 Professional 模式。

⑪ Editor Font：表示选用的字体。

⑫ Enable Alpha Numeric Sorting：勾选时，在分层视图的查询框的最右边会出现一个按钮 ▮ 。点击此按钮可以选择分层视图中的场景和游戏对象名称的排序方式是 Alphanumeric 还是 Transform 模式，前者表示按名称的首字母排序，后者表示按照添加到场景中的先后次序排序，缺省情况下为后者。

⑬ Enable Code Coverage：表示是否使用代码覆盖率接口。代码覆盖率表示程序运行时执行了多少代码，主要用于进行单元测试。

⑭ Create Objects at Origin：表示新建的游戏对象的初始位置都在世界坐标系的原点位置(0，0，0)，否则在场景旋转中心位置(pivot 点)创建新对象。

⑮ Busy Progress Delay：指定"Unity is busy"进度条的延迟时间，以 s 为单位。

p Interaction Mode：指定编辑器在使用过程中刷新的模式。

(2) 2D：设置 2D 图片(Sprite 模式)集的最大缓存，单位为 GB。Unity 编辑器会尽可能使图片文件夹的大小小于该设定值。

(3) Analysis：设置性能分析器(Profiler)。

(4) Cache Server(global)：缓存服务器，用来加快资源的导入时间。团队开发时可以将

Cache Server 设置为远程托管，如果是单人开发则可以设置为本地计算机。通过缓存服务器，资源发生改变，Unity 会自动重新导入该资源。

(5) Colors：用于设置编辑器界面上各个元素或模块的颜色，比如场景中坐标轴的颜色默认为 x 轴是红色，y 轴是绿色，z 轴是蓝色，读者可以通过此处进行修改。

(6) External Tools：用于设置编辑器所使用的外部工具。

① 代码编写工具(External Script Editor)：编辑器可以自动查找已安装的 VS 编译器，如果该编译器被系统支持，则会在此处显示。选择之后 Unity 编辑器会自动配置好，如图 1-8 所示。

② 图像处理工具(Image application)：如果选择 Open by file extension，表示采用计算机系统默认的工具打开图片。

③ 版本控制工具(Revision Control Diff/Merge)：如果由用户指定，则必须通过第三方下载并安装，然后通过下面的 Browse 选择相应的程序。

图 1-8 所示窗口的最下方列出了 Unity 所支持的第三方工具：SourceGear DiffMerge、TkDiff、P4Merge、Araxis Merge、TortoiseMerge、WinMerge、PlasticSCM Merge、Beyond Compare 4。

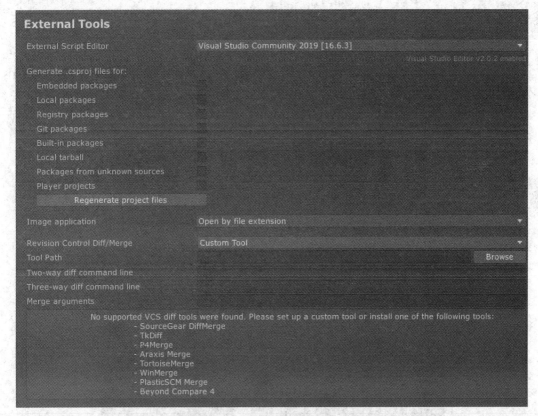

图 1-8　外部工具设置窗口

(7) GI Cache：用于设置全局光照(Global Illumination，GI)的缓存，设置面板如图 1-9 所示。系统在进行实时计算之前，需要使用计算机上的缓存来保存光照计算所需的中间文件。

图 1-9　全局光照缓存设置面板

① Maximum Cache Size：设置 GI 缓存文件夹的大小。系统会定期删除不用的文件，腾出缓存空间。

② Custom cache location：勾选此项，用户将指定缓存文件夹的位置；如果不勾选，则使用系统默认的缓存文件夹 Caches。

③ Cache compression：勾选此项，则系统压缩 GI 缓存中的文件。

④ Clean Cache：通常点击此按钮来清除缓存，而不用手工方式直接清除缓存文件夹，因为通过 Clean Cache 按钮清除缓存时，会在清除之前解除程序对这些缓存的引用，这是一种安全的操作。

⑤ Cache size is：显示当前使用的缓存大小。

⑥ Cache Folder Location：显示当前缓存文件夹的位置。

(8) Scene View：用于设置场景视图的偏好，见图 1-10。

① Enable filtering while searching：勾选此项，在场景搜索框中搜索对象时，场景中不符合搜索词的所有对象变成灰色。

② Enable filtering while editing LOD groups：勾选此项，在编辑 LOD 中的某个对象时其他对象变成灰色。

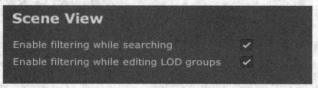

图 1-10　场景视图设置

(9) Timeline：用于设置时间线的偏好。

(10) UI Scaling：设置编辑器如何缩放用户图形接口(UI)的图标和文本，见图 1-11。

① Use default desktop setting：勾选此项表示使用计算机默认设置缩放文本和图标。

② Current scaling：显示当前使用的缩放值。

当不勾选 Use default desktop setting 时，使用 Use custom scaling value 指定缩放值。

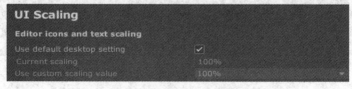

图 1-11　设置 UI 的图标和文本的偏好缩放值

3) Assets 菜单

所有与 Unity 项目相关的资源操作都集中在 Assets 菜单中，见图 1-12。需要说明的是，

图 1-12 所示菜单也可以在项目视图中点击鼠标右键较为方便地显示出来。下面对图 1-12 中的各个子菜单逐一进行介绍。

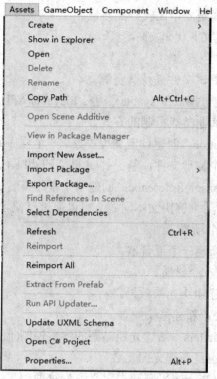

图 1-12　Assets 菜单

(1) Create：用于创建新的资源或文件，这些资源名称在子菜单 Create 中列出，如图 1-13 所示。每个资源的作用及其创建之后的参数调节将在后续章节中进行详细介绍。

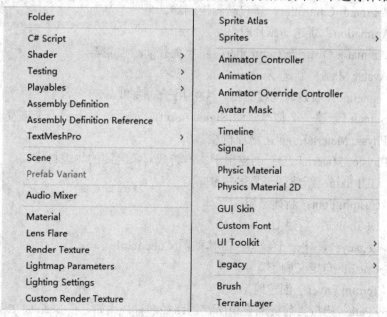

图 1-13　Assets 菜单的子菜单 Create 的内容

下面按从上到下的顺序逐一介绍图 1-13 中各个子菜单的作用。

a Folder：在项目的"Assets"文件夹中新建文件夹，用于进行项目的文件管理。按文件类型进行文件夹管理是一个比较好的习惯。

b C# Script：新建 C# 代码文件。

c Shader：创建着色器。

d Testing：创建测试文件夹及其资源。

e Playables：创建可播放(Playable)资源。Playable API 是 Unity 官方提供的一种新的创建工具、动画系统或其他游戏机制的方式。

f Assembly Definition：创建自定义程序集。一个程序集是代码编译之后的一个逻辑单元，可以是一个或多个物理文件，基于 .Net 框架的 dll 库是一个完整的程序集。

g Assembly Definition Reference：创建一个程序集的引用。

h TextMeshPro：用来解决文本问题，可以通过材质等方式制作很好的字体效果。

i Scene：新建一个场景。

j Audio Mixer：新建一个混音器。

k Material：新建一个材质。

l Lens Flare：新建镜头光晕效果。

m Render Texture：新建渲染纹理。

n Lightmap Parameters：新建光照贴图的参数控制(但已经不建议使用)。

o Lighting Settings：新建光照参数。

p Custom Render Texture：新建自定义渲染纹理。

q Sprite Atlas：新建图集，用于打包图片精灵。

r Sprites：新建图片精灵。

s Animator Controller：新建动画控制器。

t Animation：新建动画片段。

u Animator Override Controller：新建重载动画控制器。

v Avatar Mask：新建 Avatar Mask 资源。

w Timeline：新建时间线资源，主要用于动画和声音序列。

x Signal：新建一个信号资源(Signal Asset)。信号资源表示一个被发送的信号。

y Physic Material：创建物理材质。

z Physics Material 2D：创建用于二维游戏对象之间的物理材质。

ヒ GUI Skin：新建图形界面皮肤。

フ Custom Font：新建自定义字体。

ヘ UI Toolkit：新建 UI 工具包。

ホ Legacy：新建一个静态立方体贴图(Cubemap)。

マ Brush：自定义刷子。

ミ Terrain Layer：创建地形层。

(2) Copy Path：拷贝当前资源窗口所在的路径名称。比如，在 Scenes 文件夹下点击右键，再点击 Copy Path，将得到"Assets/Resources/Scenes"。

(3) Import New Asset：导入新的资源到当前项目中。

(4) Import Package：导入资源包。

(5) Export Package：导出资源包。

(6) Find References In Scene：查找被选中的资源在当前场景中的引用(使用)情况，在分层视图和场景视图窗口上方的查询框中显示查找结果，并在场景视图窗口中只正常显示被查询到的对象，而将所有其他对象变成灰色。

(7) Select Dependencies：在选中某个资源的时候，点击该项，将在检视图中显示该资源的所有依赖项。

(8) Refresh：刷新资源数据库。

(9) Reimport：重新导入所有资源。用升级的编辑器打开项目时，需要使用该项将资源重新导入。

(10) Reimport all：对项目进行重新构建，在系统崩溃之后，可以用该项重新构建。

(11) Open C# Project：用预设的 C#编译器打开 Unity 项目对应的 C#解决方案。该解决方案的名称为 Unity 项目名称。

(12) Properties：选中某个资源，点击该项，将显示该资源的属性面板，内容与该资源的检视图面板一致。

4) GameObject 菜单

GameObject 菜单主要用于向当前场景添加新的游戏对象，如图 1-14 所示。

图 1-14　GameObject 菜单

下面介绍 GameObject 所有子菜单。

(1) Create Empty：创建空游戏对象。空游戏对象就是只有 Transform 组件，没有几何形状等其他任何数据的游戏对象，主要用于管理节点。

(2) Create Empty Child：选中场景中的某个游戏对象，点击"Create Empty Child"表

示给选中的游戏对象添加一个空子对象。

(3) 3D Object：快速创建下面的几种 3D 游戏对，即简单几何体，(包括立方体(Cube)、球体(Sphere)、胶囊(Capsule)、圆柱体(Cylinder)、平面(Plane)、四边形(Quad))、文本(TextMeshPro)、玩偶(Ragdoll)、地形(Terrain)、树木(Tree)、风场(Wind Zone)、3D 文本(3D Text)。

(4) 2D Object：创建简单的 2D 对象。

(5) Effects：主要创建粒子系统。

(6) Light：创建多种光照游戏对象。

(7) Audio：创建与音频效果相关的游戏对象。

(8) Video：创建视频播放游戏对象。视频播放游戏对象自带一个视频播放组件(Video Player)。

(9) UI：创建 UI 元素。

(10) Camera：新建相机游戏对象。

当选中场景中某个游戏对象时，GameObject 菜单中的下列选项可用：

(11) Move To View：将选中的游戏对象移到场景视图窗口的中间，快捷键为 Ctrl + Alt + F。

(12) Align With View：将选中的游戏对象移到场景视图相机的位置，快捷键为 Ctrl + Shift + F。

(13) Align View to Selected：将场景视图相机移到选中的游戏对象位置。

(14) Toggle Active State：切换选中的游戏对象的激活状态，快捷键为 Alt + Shift + A。

5) Component 菜单

Component 菜单用于给选中的游戏对象添加组件(Component)。图 1-15 给出了 Component 菜单的子菜单，每个子菜单对应一类组件。组件是 Unity 框架中非常重要的概念，游戏对象的各个功能模块都是通过添加对应的组件来实现的。本书的后续章节将围绕组件讲解 Unity 开发引擎。

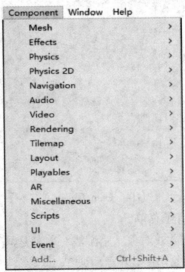

图 1-15　Component 菜单

6) Window 菜单

除了编辑器的主窗口，Unity 系统还提供了一系列其他窗口，每个窗口用于实现专门的功能，见图 1-16。后续章节将会讲解这些窗口的主要功能。

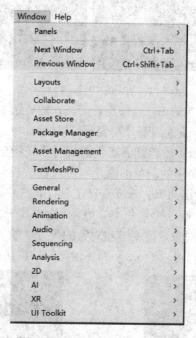

图 1-16 Unity 的 Window 菜单

7) Help 菜单

Help 菜单用于打开 Unity 系统的平台信息(About Unity)、在线帮助文档(Unity Manual)、脚本手册(Scripting Manual)、Unity 论坛(Unity Forum)、Unity 在线答疑(Unity Answers)、Unity 使用信息反馈(Unity Feedback)、查看升级(Check for Updates)、许可证管理(Manage License)、打开许可证文本说明(Software Licenses)、报告漏洞(Report a Bug)、将 Unity 包返回缺省状态(Reset Packages to defaults)等。

2. 工具栏

工具栏提供了 Unity 开发过程所需的常用工具。图 1-17 所示是排列在 Unity 界面最左边的工具栏。

图 1-17 Unity 工具栏

下面按从左到右的顺序介绍图 1-17 中各按键的功能。

(1) 手型工具 。选中该工具，用鼠标中键按住场景视图，可以上下左右拖动场景视图的画面。

(2) 位移工具 ，快捷键为 W。选择位移工具，再选中场景中的某个游戏对象，将在游戏对象上出现相应的坐标，如图 1-18 所示，可以沿坐标轴用鼠标移动游戏对象在场景中的位置。红色表示 x 轴，绿色表示 y 轴，蓝色表示 z 轴。

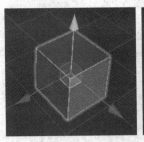

图 1-18　在场景中移动游戏对象

(3) 旋转工具 ，快捷键为 E。选择旋转工具，然后选中场景中的某个游戏对象，如图 1-19 所示(图中的红、绿、蓝色圆圈分别表示可以绕 x、y、z 轴旋转)，用鼠标指向某个圆圈，该圆圈高亮，此时可以旋转该圆圈实现游戏对象绕指定轴旋转，以此调整游戏对象在场景中的朝向。如果选中图中的灰色圆圈，则可以让游戏对象同时绕 x、y 和 z 轴旋转。

(4) 缩放工具 ，快捷键为 R。选择旋转工具，再选中游戏对象，如图 1-20 所示的情形，即游戏对象沿坐标轴上有 3 个彩色小立方体。选中其一并拖动，可以分别沿 x(红色)、y(绿色)、z(蓝色)轴缩放游戏对象，改变游戏对象的尺寸。除了这 3 个彩色小立方体，还有一个灰色小立方体，选择它时可以沿 x、y 和 z 轴同时缩放游戏对象。

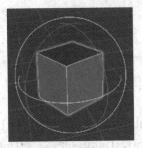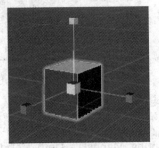

图 1-19　在场景中旋转游戏对象　　　　图 1-20　缩放游戏对象

(5) 矩形工具 ，快捷键为 T。选择矩形工具，再选中某游戏对象，将出现图 1-21 所示的情形，此时在游戏对象上设定矩形选取框，调节该方框的大小可以改变物体沿此截面上的尺寸。

(6) 旋转/平移/缩放工具 。该工具将旋转、平移、缩放三个功能合在一起。选中游戏对象，可得到如图 1-22 所示的情形。

(7) 其他工具 。根据选中的游戏对象不同，所显示的可用工具不同。比如，选中某个具有碰撞器的游戏对象时，该工具为碰撞器编辑工具，如图 1-23 所示。拖动图中的点可以调整长方体碰撞器各个面的位置。

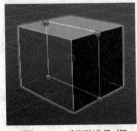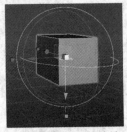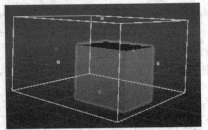

图 1-21　矩形选取框　　　图 1-22　旋转/平移/缩放工具　　　图 1-23　游戏对象的其他可用工具

(8) 支点工具 ，使用该工具可在支点(Pivot)和中心点(Center)之间进行切换。如果选择 Pivot，表示游戏对象的所有变换包括移动、缩放和旋转都以游戏对象的支点为参考点进行，否则以游戏对象的中心点 Center 为参考点进行变换。可以在模型制作的时候修改并指定支点。

(9) 坐标系切换工具 ，使用该工具可在本地(Local)和全局(Global)坐标系之间进行切换。如果选择 Local 表示在游戏对象的局部坐标(或称本地坐标)系下进行变换，见图(a)；如果旋转 Global，表示在全局坐标(或称世界坐标)下进行变换，见图 1-24(b)。

(10) 网格移动工具 。网格移动工具只能在全局坐标系下使用，使用该工具可在全局坐标系下按一个单位长度移动游戏对象，而不是连续改变对象坐标值。

此外，在 Unity 编辑器的界面上方的正中位置有三个工具，如图 1-25 所示，它们依次是 Play、Pause 和 Step 工具，分别表示"播放""暂停""将游戏前进一帧执行"，相应的快捷键分别为 Ctrl + P、Ctrl + Shift + P、Ctrl + Alt + P。利用这些工具，可以在不退出编辑器的情况下随时进行程序的调试，并查看运行结果。当点击播放按钮时，Unity 从 Scene 窗口切换到 Game 窗口。

(a)
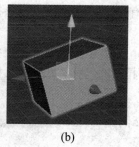
(b)

图 1-24　局部坐标系和全局坐标系

图 1-25　播放工具栏

3. 分层视图

分层视图窗口(Hierarchy View)用于管理项目中的场景，以及场景中的所有游戏对象，见图 1-26。打开一个项目，分层视图中至少有一个场景。

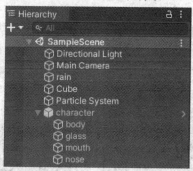

图 1-26　分层视图窗口

分层视图的场景的管理功能主要有：

(1) 将已有的场景添加到项目中。在项目窗口中，选中场景文件(或资源)拖曳至分层视图窗口，便可将该场景添加到项目中。

(2) 创建新场景。选中分层视图窗口中已有的场景名称，点击鼠标右键，再点击"Add new Scene"，添加新场景。

(3) 卸载场景。选中某场景名称，点击鼠标右键，再点击"Unload Scene"卸载相应的场景。

(4) 移除场景。选中某场景名称，点击鼠标右键，再点击"Remove Scene"移除相应的场景。

(5) 设置当前场景。选中场景名称，点击鼠标右键，再点击"Remove Scene"将指定的场景设置为当前场景。

下面介绍分层视图管理游戏对象的功能。

(1) 选中场景名称，点击鼠标右键，再点击"GameObject"，在选中的场景中添加对应的游戏对象。

(2) 选中某个游戏对象，点击鼠标右键，给该游戏对象添加子对象。

(3) 选中某个游戏对象，点击鼠标右键，显示编辑面板，可以拷贝、复制、粘贴、删除游戏对象。当然，用鼠标左键选中游戏对象，再用快捷键执行编辑功能，更为方便。

(4) 用鼠标左键选中某个游戏对象，通过拖曳的方式，可以将选中的游戏对象放置在其他对象的不同层级上，作为其他对象的子对象。

在分层视图(见图 1-26)的左上角有个"+"按钮。点击该按钮可以向当前场景添加不同类型的游戏对象。

在分层视图的顶部有一个查找框，输入字符串，可以查找场景和游戏对象及游戏子对象，此时会过滤掉与输入的字符串不相符的名称。点击 Esc 键会取消查找。

4. 场景视图

场景视图(Scene View)窗口上方左侧的工具栏 `Shaded ▼ 2D 💡 🔊` 中从左到右每个工具的用途如下：

(1) 着色模式(Sharing Mode)下拉框。用来选择不同的着色模式，分别是着色(Shaded)、线框(Wireframe)、着色＋线框(Shaded Wireframe)、烘焙全局光照模式(GI)。

(2) 2D/3D 切换。选中 `2D` 按钮时，场景采用 2D 视图，便于编辑 UI 对象。

(3) 光照切换。选中灯泡 💡 按钮时，使用场景中的灯光效果如图 1-27(a)所示。不选中时，则使用场景视图所带的灯源，如图 1-27(b)所示。

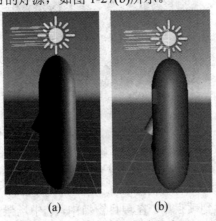

(a)　　　　　(b)

图 1-27　切换场景视图中的光照

(4) 声音切换。选中小喇叭 🔊 按钮，不用运行游戏也可以直接播放场景中的声音，便于快速测试效果。

场景视图窗口上方右侧的工具栏 ![工具栏] 中从左到右每个工具的用途如下：

(1) 场景的背景填充模式，可以在天空盒模式、颜色和其他模式之间进行切换。

(2) 显示被隐藏的游戏对象数目。

(3) 显示/隐藏场景中的网格。

场景视图窗口上方右侧的工具栏 ![工具栏 Gizmos] 中从左到右每个工具的用途如下：

(1) 在场景视图窗口中显示/隐藏组件编辑工具。

(2) 显示场景相机的参数调节面板。

(3) Gizmos(小工具)菜单，点击可以查看其所有的子菜单。

在场景视图窗口的右上角有 Unity 的坐标指示，如图 1-28 所示。默认设置时，绿色表示 y 轴，红色表示 x 轴，蓝色表示 z 轴。点击 y 轴的彩色部分，沿着 y 轴负方向观察场景，即俯视。点击 y 轴的灰色部分，沿着 y 轴正方向观察场景，即仰视。x 和 z 轴操作方法同 y 轴。点击中间的方框，可以在 Iso 和 Persp 之间变化。Iso 和 Persp 表示不同的场景观察方式，前者表示平行视野，后者表示透视视野。

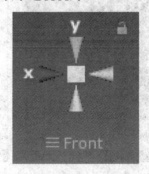

图 1-28　场景视图中的坐标指示

5. 检视视图

游戏对象检视视图(Inspector View)窗口下方的"Add Component"按钮可以给游戏对象添加组件，也可以通过该检视视图对游戏对象进行组件添加和删除，以及进行组件参数的编辑。检视视图窗口分列了游戏对象目前已添加的所有组件，如图 1-29 所示，后续会逐一讲解每个组件的含义及其使用方法。检视图窗口上的各个符号或名称的功能如下：

(1) 组件名称左边的勾选框，表示该组件是否可用。

(2) 游戏对象名称边上的勾选框，被勾选时表示游戏对象是活动的(Actived = true)。

(3) ![按钮] 按钮用于打开该组件的在线帮助文档。

(4) ![按钮] 按钮用于使用 Unity 的预设(Preset)。

(5) ![按钮] 按钮用于打开图 1-30 所示的菜单。该面板下方的子菜单与相应的组件有关，比如此处的 Select Material，除包含 Material 的组件含有此子菜单外，其他子菜单是所有组件通用的，其功能依次为：

① Reset 用于刷新组件参数。

② Remove Component 用于从游戏对象删除该组件。

③ Move Up 用于将该组件在检视图窗口上移，但不能排在第一，第一永远是 Transform 组件。

④ Move Down 用于下移。

⑤ Copy Component 用于拷贝该组件。在执行了 Copy Component 之后可以点击 Paste Component Values 按钮，粘贴所拷贝的组件参数。当然，粘贴操作所执行的组件必须与前面拷贝所执行的组件是一类的。

⑥ Find References in Scene 用于查找该组件在当前场景中的引用(使用)情况，在分层视图和场景视图窗口上方的查询框中显示查找结果，并在场景视图窗口中只是正常显示被查询到的对象，而将所有其他对象变成灰色。

⑦ Properties 用于单独显示该组件面板。

 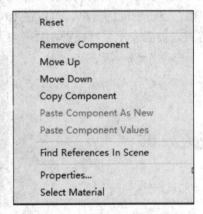

图 1-29　游戏对象检视图窗口　　　　　　图 1-30　检视图面板中的组件辅助工具

6. 项目视图

项目视图(Project View)主要用于管理项目中的各种资源(Assets)，以及利用模型资源创建游戏对象。项目视图窗口如图 1-31 所示。

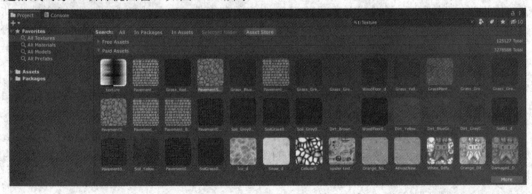

图 1-31　项目视图窗口

窗口中的主要工具介绍如下：

(1) Favorites 列表。选中其中的一项，比如 All Materials，在右边的窗口中会快速显示当前项目以及 Asset 商店中所有的材质，按免费和付费分开列出。选中其中的某个资源，会在检视图中显示其性质。如果该资源来自 Asset 商店，则可以点击链接商店直接免费下载或购买再下载。Favorites 下的分类栏目可以删除，也可以添加。选中列表中的某项并点击鼠标右键，出现"Delete"就可以删除该项。如果要添加新栏目，先点击图 1-31 中右上角的 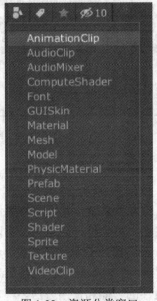，打开图 1-32 所示的资源分类表，选中其一，比如 Script，然后点击窗口右上角的 ★ 按钮进行收藏。之后，在 Favorites 下出现名称为"New Saved Search"的新项，将其改名为"All Scripts"即可。这样就新添了一个 Favorites 下的快速查找代码的方法。

图 1-32　资源分类窗口

(2) Assets 和 Packages 文件夹。点击打开这两个文件夹，可以方便查看文件夹里面的文件信息。同时，点击鼠标右键可以打开 Assets 菜单所对应的子菜单面板，进行资源的导入和移除等操作。

(3) 项目视图窗口右边的图形内容是显示左边窗口选中的文件夹或文件夹下的所有文件，目的是方便查看和浏览左边工具涉及的具体内容。在此处对文件的操作与 Windows 系统下文件的操作一样，非常简单直观。在窗口选中模型文件，例如将其拖曳至场景视图，或拖曳至分层视图，可以往场景中快速添加新的游戏对象等。此外，也可以用鼠标右键点击图 1-31 右边窗口的任何位置调出图 1-32 所示的资源分类窗口。

1.3　应用程序基本框架

在 Unity 应用程序的开发过程中，不需要直接面对 main 函数，其基于组件的程序框架，使得开发者只要将代码附着到游戏对象(实体游戏对象或空游戏对象)上即可执行。由一个 Unity 项目(Project)建立起应用程序框架，每个项目可以包含若干个游戏场景，其基本框架如图 1-33 所示。游戏场景中的所有对象称为游戏对象(Game Object)，所以每个游戏场景包含若干游戏对象，而每个游戏对象又包含若干个组件。由游戏对象-组件-项目构成了 Unity

的所谓实体-组件-系统框架(Entity-Component-System，ECS)。

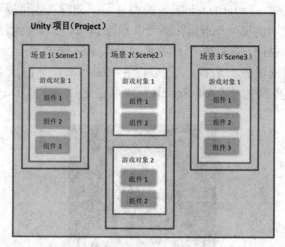

图 1-33　Unity 应用程序的基本框架

1.3.1　组件

Unity 提供了庞大的模块化的组件系统，基于这些组件可以快速构建游戏对象，所以组件是 Unity 应用程序开发的核心。一个组件就是一个实现特定功能的软件包，每个组件 Unity 都有对应的 C# 类，Component 是所有组件的基类。

图 1-34 列出了 Unity 中一些常用组件(C#类)。此处只是简单介绍各个组件的作用，在后续章节中将会详细讲解这些组件的功能和使用方法。

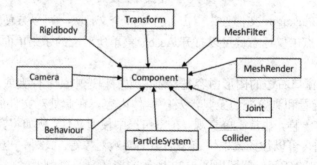

图 1-34　常用组件(C#类)

(1) 变换组件(Transform)：用于描述一个对象的空间位置、朝向和缩放比例，所有的 Unity 游戏对象都必须添加此组件。

(2) 网格过滤器组件(MeshFilter)：用于处理游戏对象的几何外形。

(3) 网格渲染器组件(MeshRender)：用于渲染游戏对象。

(4) 关节组件(Joint)：用于模拟各种关节效应，有多个派生类。

(5) 碰撞器组件(Collider)：用于游戏对象之间的碰撞检测，有多个派生类。

(6) 粒子系统组件(ParticleSystem)：用于创建游戏中的粒子效果，比如火焰、云彩、下雪、爆炸等效果。

(7) Behaviour 类组件是一类组件，进一步派生出其他组件，见图 1-35。这类组件的特点是其相应的 C#类具有多个函数，每帧调用一次，用来实时更新对象的属性。

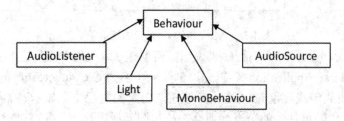

图 1-35　Behavior 的派生类

(8) 相机组件(Camera)：用于实现多种坐标变换，将三维游戏场景变换为屏幕窗口图像。

(9) 刚体组件(Rigidbody)：用于模拟游戏对象的刚体力学效果，比如重力、弹力、摩擦力等。

如何使用 Unity 自带的组件？本书在 1.3.1 节中介绍了如何创建并运行一个简单游戏。在此基础上，使用快捷键"Ctrl + Shift + N"在当前场景(FirstScene)中创建并添加一个新的游戏对象 GameObject，将其改名为"MyGO"，其检视图面板如图 1-36 所示。可以看出这是一个空游戏对象，只有其自带的 Transform 组件。在该游戏对象的检视图面板中点击"Add Component"按钮，选择"Physics/Box Collider"添加盒子碰撞器组件，如图 1-37 所示。

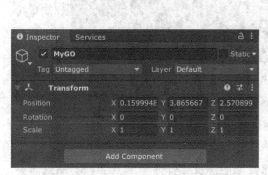

图 1-36　空游戏对象检视图面板

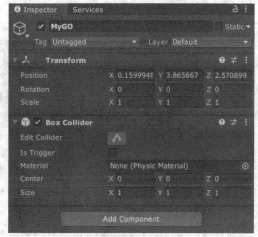

图 1-37　添加盒子碰撞器组件

1.3.2　MonoBehaviour 类

MonoBehaviour 类是 Unity 应用程序中代码的出发点，其与基类的继承关系如图 1-38 所示。一般以 MonoBehaviour 作为基类派生自定义类，再将该自定义类附加到给定游戏对象上，执行指定的任务。通常不使用该类构造函数新建对象，而新建对象的数据初始化是使用该类提供的几个特殊函数或消息完成。

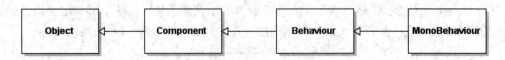

图 1-38　MonoBehaviour 类的继承关系

　　下面通过演示并运行一个小程序来说明如何创建 C# 代码并运行之。该程序要实现控制台输出 "My First Application"。首先，创建一个名为 fvc_go_creator 的 C#类，然后将 fvc_first_app 拖曳到游戏对象 MyGO 上。该游戏对象的检视图上显示添加了的代码组件，如图 1-39 所示。代码组件中的公有性质会在检视图面板中显示，并可以对其进行赋值。使用快捷键 "Ctrl + P" 在编辑器中运行该小程序。查看控制台窗口，可以看到输出的字符串 "My First Application"。 整个过程不需要通过 new 的方法创建一个 MonoBehaviour 的实例，只要将代码作为组件添加到场景中的游戏对象上即可，系统自动调用 MonoBehaviour 中的相关函数。

　　代码如下：

```
public class fvc_go_creator : MonoBehaviour {
    public string name;
    void Start () {
        print("My First Application");
    }
}
```

图 1-39　代码组件

　　接下来着重分析 MonoBehaviour 中的重要成员及其使用方法。首先要明确的是，所有的组件，包括代码组件，都是要添加到游戏对象上才能发挥作用。

1. 实例性质

　　下面列出的是 MonoBehaviour 类的部分实例性质，这些性质主要从其基类继承而来。

```
public GameObject gameObject;
public bool enabled;
public Transform transform;
public bool isActiveAndEnabled;
public string name;
```

　　其中：

(1) gameObject：该代码组件所附着的游戏对象。组件或代码总是附着到某个指定的游戏对象上。

(2) transform：代码所关联的游戏对象的 Transform 组件。

(3) name：游戏对象的名称。

(4) enabled：表示组件是否可用。在检视图的组件参数面板上的"√"选项表示设置 enabled 为 true，不勾选表示为 false。当 enabled 为 false 时，MonoBehaviour 中的多个消息响应函数被禁止。这些函数包括 Start()、Update()、FixedUpdate()、LatedUpdate()、OnGUI()、OnDisable()、OnEnable()。

(5) isActiveAndEnabled：判断游戏对象是否活动(active=true 表示是活动的)、代码是否可用(enable = true 表示可用)。

2. 消息响应函数

(1) 下面两个函数主要用于游戏对象启动时调用的 MonoBehaviour 类。

```
void Awake();
void Start();
```

其中：

① Awake()函数不受 enabled 影响，代码实例导入游戏时调用该函数。在代码的整个周期，该函数只调用一次，可用于游戏开始(或场景导入完成)之前的变量和游戏状态的初始化。每个游戏对象 Awake 函数的调用顺序是随机的，但总是在所有 Start 函数之前调用。

② 在代码的 enabled 设定为 true 的前提下，Start()函数是在场景导入完成之后，在 Update()函数第一次执行之前执行的。明白这一点非常关键，如果 A 对象的初始化依赖于 B 对象，则 B 对象的初始化应该在 Awake 函数中进行，而 A 对象的初始化则放在 Start 函数中。在整个代码的运行周期，Start 函数只调用一次。

(2) 下面给出三个用于游戏对象状态更新的函数。

```
void Update();
void FixedUpdate();
void LateUpdate();
```

其中：

① Update()：在代码组件处于 enabled=true 的状态下，每帧调用该函数。在自定义类中重写该函数实现自定义功能，游戏对象需要实时更新的代码主要放在这个函数中执行。可以通过 Time.deltaTime 获取上一帧调用 Update 到目前调用 Update 所用时间。

② FixedUpdate()：在代码组件处于 enabled=true 的状态下，以固定帧速每帧调用该函数。点击"Edit/Project Settings/Time"可以打开 Unity 的时间管理器，如图 1-40 所示，设置固定时间间隔。在使用物理引擎时，应该使用 FixedUpdate()，而不是 Update()进行物理状态的更新。当要给刚体持续施加一个力时，应该在固定帧速下执行。参见下面的 fvc_fixed_update 代码：

```
public class fvc_fixed_update : MonoBehaviour{
    public Rigidbody rb;
    void Start(){
        rb = GetComponent<Rigidbody>();
    }
    void FixedUpdate(){
        rb.AddForce(10.0f * Vector3.up);
    }
}
```

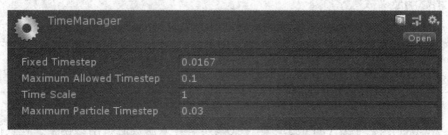

图 1-40　　事件管理器设置固定时间间隔

③ LateUpdate()：在所有 Update 函数执行之后再执行该函数。比如尾随相机(follow camera)的运行过程，其更新应该放在 LateUpdate 函数中，因为尾随相机拍摄的游戏对象在 Update 函数中运动。参见 fvc_late_update 中的代码：

```
public class fvc_late_update : MonoBehaviour{
    void LateUpdate(){
        transform.Translate(0, Time.deltaTime, 0);
    }
}
```

3. 事件响应函数

MonoBehaviour 类提供了一系列的事件响应函数，函数名以 On 开头。事件响应函数与特定事件相关联，目前只是介绍其中的一部分，剩下的后续章节会逐一进行讲解。

下面是 MonoBehaviour 类的几个事件响应函数。

```
void OnEnable();
void OnDisable();
void OnDestroy();
void OnGUI();
```

其中：

(1) OnEnable()：在组件的 enabled 设置为 true 时被调用。

(2) OnDisable()：在组件的 enabled 设置为 false 时被调用，参见下面的 fvc_enabled_disable 代码。可以看到，在 Awake()函数中设置 enable = true，调用 OnEnable() 函数，所以首先输出"enabled"，如图 1-41 所示。在 Awake()之后，接着调用 Start()函数，所以设置 enabled=false，则调用 OnDisable()函数，输出"disable"字符串。

```
public class fvc_enable_disable : MonoBehaviour{
    void Awake(){
        this.enabled = true;
    }
    void Start(){
        this.enabled = false;
    }
    void OnDisable(){
        print("disabled");
    }
    void OnEnable() {
        print("enabled");
    }
}
```

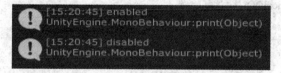

图 1-41 fvc_enabled_disable 的输出结果

(3) OnDestroy()：当游戏对象销毁时，该函数被调用。

(4) OnGUI()：渲染和处理 GUI 事件时调用，每帧调用多次。该函数被调用时，利用 Unity 的即时模式 GUI(IMGUI)绘制图形用户界面。下面的 fvc_on_gui 代码在 OGUI 函数中绘制一个按钮控件。当按钮被点击时，执行 if 语句下的代码，输出"点击我！"。完全通过编程实现控件。

```
public class fvc_on_gui : MonoBehaviour{
    void OnGUI() {
        if (GUI.Button(new Rect(10, 10, 150, 100), "按钮")){
            print("点击我!");
        }
    }
}
```

4. 实例方法

下面列出了多个获取组件的实例方法。

```
public T GetComponent();
public T[] GetComponents();
public T GetComponentInParent();
public T GetComponentInChildren();
public T[] GetComponentsInParent();
public T[] GetComponentsInChildren();
public bool TryGetComponent(out T component);
```

此处选择其中的 4 个函数进行说明，其他函数使用方法类似，其意义也可以从函数名称直接得到。

(1) GetComponent()：返回游戏对象中指定类型的组件。如果游戏对象没有该类型的组件，返回 null，如果有多个同类型的组件，则获取最先添加的组件。

(2) GetComponents()：获取游戏对象上所有同类型的组件，不包括子对象和父对象上的。

(3) GetComponentsInChildren()：获取游戏对象自身以及所有子对象上的所有组件。

(4) TryGetComponent()：判断游戏对象是否添加了指定类型的组件，如果添加了该类型组件，则通过 out 参数返回组件。

每个游戏对象都有唯一的 ID 号和标签，下面的函数用于 ID 号和标签处理。

```
public int GetInstanceID();
public bool CompareTag(string tag);
```

其中：

(1) GetInstanceID：获取游戏对象的 ID 号。

(2) CompareTag：判断游戏对象的标签是否与输入的 tag 一致。

下面的一组函数用于消息发送。

```
public void BroadcastMessage(string methodName, object parameter = null,
        SendMessageOptions options = SendMessageOptions.RequireReceiver);
public void SendMessage(string methodName, object value = null,
        SendMessageOptions options = SendMessageOptions.RequireReceiver);
public void SendMessageUpwards(string methodName, object value = null,
        SendMessageOptions options = SendMessageOptions.RequireReceiver);
```

其中：

(1) BroadcastMessage()：向代码组件所关联的游戏对象及其子对象发送消息，即调用名为 methodName 的函数，parameter 为 methodName 函数的实参。options 用于指示系统是否需要反馈信息，这些信息表明系统是不是有传递消息的函数，默认情况下需要反馈。

(2) SendMessage()：仅向代码组件关联的游戏对象发送消息，其参数含义与 BroadcastMessage()的一样。

(3) SendMessageUpwards()：向代码组件关联的游戏对象及其父对象发送消息。

要注意的是，上述三个函数在发送消息的时候，是向游戏对象所有代码组件发送，而不仅仅是本代码组件。请参见下面的 fvc_broadcast_msg 和 fvc_msg_receive 两个代码组件。将 fvc_broadcast_msg 添加到图 1-42 所示的 father 游戏对象上，将 fvc_msg_receive 添加到 father、son 和 grandson 上，运行游戏，控制台输出结果如图 1-43 所示。可以看出，在 fvc_broadcast_msg 类中发出的消息，在 fvc_msg_receive 类中也接收到了。

```
public class fvc_broadcast_msg : MonoBehaviour{
    void Start() {
        this.BroadcastMessage("Print", "broad message");
        this.SendMessage("Print", "send message");
    }
    void Print(string info){
        Debug.Log(info);
    }
}
```

```
public class fvc_msg_receive : MonoBehaviour{
    void Print(string msg){
        Debug.Log(msg+"_"+this.name);
    }
}
```

图 1-42　含有子对象的游戏对象

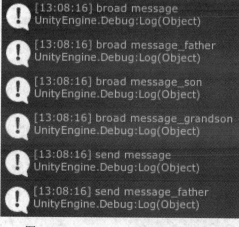

图 1-43　fvc_broadcast_msg 运行结果

5. 静态函数

1) 用于复制对象的静态函数

下面列出的 5 个静态函数都用于复制(或称克隆)对象，并自动将克隆的游戏对象添加到场景中。

```
public static Object Instantiate(Object original);

public static Object Instantiate(Object original, Vector3 position, Quaternion rotation);

public static Object Instantiate(Object original, Transform parent);

public static Object Instantiate(Object original, Transform parent,bool inWorldSpace);

public static Object Instantiate(Object original, Vector3 position, Quaternion rotation, Transform parent);
```

函数的返回类型、形参解释如下：

(1) 函数返回值 Object 是克隆所得到的新对象。

(2) original 是被克隆的目标对象。

(3) position 表示新对象的位置。

(4) rotation 表示新对象的朝向。

(5) parent 表示新对象的父节点对象

(6) inWorldSpace 用于指定 position 和 rotation 是在世界坐标空间还是 parent 所在的局部坐标空间，true 表示世界坐标空间，false 表示局部坐标空间。

下面的 fvc_instantiate 代码利用 Instantiate()函数克隆 12 个立方体，并将所有立方体排成一圈。运行结果如图 1-44 所示。代码涉及移动和旋转一个游戏对象，目前无需看懂，后续课程将会学习。

```csharp
public class fvc_instantiate : MonoBehaviour{
    public GameObject original;
    void Start(){
        float r = 3f;
        int pi = 360;
        int delta = 30;
        int n = pi/delta;
        original.transform.position = new Vector3(r, 0, 0);
        for(int i=0;i<n;i++){
            float deg = i * delta;
            float rad = deg*Mathf.Deg2Rad;
            Vector3 pos = new Vector3(r*Mathf.Sin(rad),0,r*Mathf.Cos(rad));
            Quaternion q = Quaternion.AngleAxis(deg, Vector3.up);
            GameObject ob1 = Instantiate(original, pos,q);
        }
    }
}
```

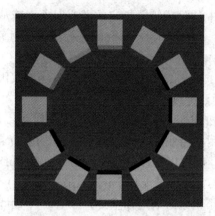

图 1-44　fvc_instantiate 的运行结果

克隆的目标对象可以是组件，也可以是游戏对象。如果克隆的是组件，则该组件附着的游戏对象也被克隆。下面的代码是把 fvc_missile 添加到被克隆对象上，将 fvc_instantiate_component 添加到空游戏对象上。

fvc_missile 代码如下：

```
public class fvc_missile : MonoBehaviour{
    void Start(){
        print(this.gameObject.name);
    }
}
public class fvc_instantiate_component : MonoBehaviour{
    public fvc_missile missile;
    void Start(){
        Vector3 pos = missile.transform.position + new Vector3(3, 0, 0);
        Quaternion q = missile.transform.rotation;
        fvc_missile fm = Instantiate<fvc_missile>(missile,pos,q);
    }
}
```

在 fvc_instantiate_component 代码中的 Start 函数中克隆的是代码组件 fvc_missile。运行上面的程序，可以看到组件所关联的游戏对象也是被克隆了的。

2) 用于对象销毁的静态函数

下面给出的静态函数用于游戏对象销毁。

```
public static void Destroy(Object obj, float t = 0.0F);
public static void DestroyImmediate(Object obj, bool allowDestroyingAssets = false);
public static void DontDestroyOnLoad(Object target);
```

其中：

(1) Destroy()：从场景中移除或销毁指定的游戏对象，或从游戏对象上移除指定的组件。此外，还可以通过形参 t 指定延迟一定时间进行销毁。对象导入时刻作为时间延迟的起点。

(2) DestroyImmediate()：立刻销毁指定的对象。该函数仅限于编写 Unity 编辑器代码的时候使用，其他情形下强烈建议使用 Destroy()函数。

(3) DontDestroyOnLoad()表示在导入一个新场景的时候不销毁指定的对象(其子对象也不会销毁)，该函数主要用在游戏关卡载入过程中。通过 Destroy()销毁游戏对象时会引起 OnDestroy()函数的调用，但如仅仅移除组件，则不引起 OnDestroy()函数的调用。

下面 fvc_destroy 的代码实现的功能如下：首先，在 Start()函数中移除了立方体游戏对象的 BoxCollider 组件，但不销毁游戏对象本身。然后，在 Update()函数中延迟 5 s 销毁游戏对象(从场景中移除)。最后，启用了销毁事件函数 OnDestroy()。将 fvc_destroy 添加到一个立方体的游戏对象上，运行程序，查看运行结果。

```
public class fvc_destroy : MonoBehaviour{
    void Start(){
        Destroy(GetComponent<BoxCollider>());
    }
    void Update(){
        Destroy(this.gameObject, 5f);
    }
    void OnDestroy(){
        print(this.name+"is destroyed");
    }
}
```

3) 用于指定类型对象的静态函数

下面的静态函数用于获取指定类型的对象。

```
public static T FindObjectOfType();
public static T[] FindObjectsOfType(bool includeInactive);
```

(1) FindObjectOfType()：返回符合指定类型的第一个对象，如果没有则返回 null。

(2) FindObjectsOfType()：返回指定类型的所有对象。当 includeInactive 为 true 时，可以查找不被激活的游戏对象上的组件。

注意：上面的函数不能查找资源，只能查找组件。另外，这些该函数的运行比较耗时，尽量避免每帧都调用该函数。

1.3.3　游戏对象

游戏对象(GameObject)代表 Unity 游戏场景中的角色、道具和环境。游戏场景中所有的对象都是游戏对象。游戏对象本身在游戏循环中并不做太多的工作,实际功能是由添加到其身上的组件完成的。比如,游戏场景中的光源就是将一个光照组件添加到一个空游戏对象上实现的。

空游戏对象只有一个代表对象位置和方位的 Transform 组件,不具备实际的外形,往往在场景中用作管理或承担辅助角色。一般通过给空游戏对象添加代码组件以实现程序的控制。而具有外形的实体游戏对象,除了 Transform 组件之外,还有非常重要的 MeshFilter和 MeshRenderere 组件,实现游戏对象外形的渲染。

通过 1.3 节的学习,要基本掌握编辑器的分层视图、GameObject 菜单和 Project 视图的基本功能和使用方法。比如,利用分层视图快速给指定的游戏场景添加新的游戏对象,如图 1-45 所示。

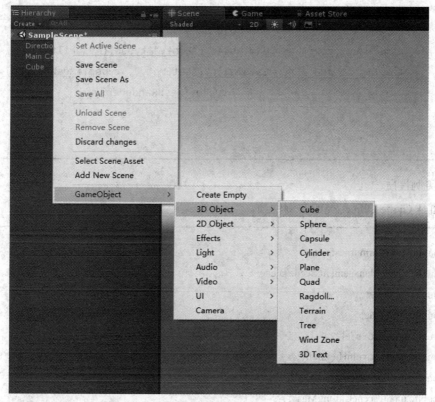

图 1-45　通过分层视图快速创建简单形状的游戏对象

本小节重点介绍 GameObject 类及其使用方法。

1. 构造函数

下面是 GameObject 类的构造函数。

```
public GameObject();
public GameObject(string name);
public GameObject(string name, params Type[] components);
```

其中:

(1) GameObject()：新建一个无名的游戏对象。

(2) GameObject(string name)：新建一个指定名称的游戏对象。

(3) GameObject(string name, params Type[] components)：新建一个指定名称，并添加指定组件的游戏对象。

在实例化 GameObject 类的同时，也将新建的游戏对象添加到了场景中。在下面 fvc_go_creator 代码的 Start 函数中，通过 GameObject 的构造函数创建了 3 个游戏对象，其中的 go2 和 go3 分别添加了 1 个和 2 个组件。将 fvc_go_creator 添加到场景中的空游戏对象上，运行程序，查看运行结果。

```
public class fvc_go_creator : MonoBehaviour{
    void Start(){
        GameObject go1 = new GameObject("Nothing");
        GameObject go2 = new GameObject("Empty",typeof(MeshFilter));
        GameObject go3 = new GameObject("NotEmpty", typeof(MeshFilter),
                                typeof(MeshRenderer));
    }
}
```

2. 实例性质

下面是 Game Object 类的实例性质。

```
public Transform transform;
public SceneManagement.Scene scene;
public int layer;
public string tag;
public bool activeSelf;
public bool activeInHierarchy;
public bool isStatic;
public ulong sceneCullingMask;
```

其中：

(1) transform：游戏对象的 transform 组件。

(2) scene：游戏对象所在的场景。

(3) layer：游戏对象所在的层，用于分层渲染。点击编辑器右上角的 Layers 下拉框，出现图 1-46 的窗口。总共可以设置 32 层，前 8 个已经预定。

(4) tag：游戏对象的标签，要预先设置再使用。多个游戏对象可以使用同一个标签，便于分组管理游戏对象，比如按标签查找游戏对象。点击图 1-46 中的 Tags 标签，打开设置面板，修改和添加标签。

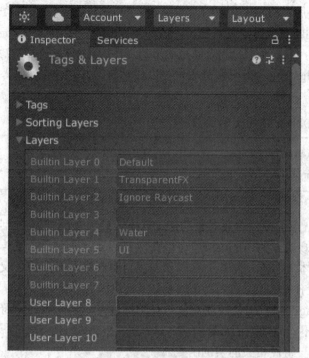

图 1-46 游戏对象的层和标签设置面板

(5) activeSelf：判断游戏对象是否处于活动状态，只读。要注意的是，当父节点的活动状态为 false 时，所有的子对象活动状态都是 false。所以，如果通过 activeSelf 获取为 true 并不一定表明文件就是活动的。不活动的游戏对象在分层视图中显示为灰色，在游戏场景中也不可见，无法查找，也无法接收从父节点对象发来的消息，但可以通过其他活动的游戏对象对其进行控制。参见 fvc_go_props 中的代码。

将下面的 fvc_go_props 代码组件添加到一个活动的游戏对象上，同时将场景中的非活动的游戏对象设定给 fvc_go_props 中 obj。运行程序，查看结果。可以看出，我们可以获取非活动对象的信息，也可以给非活动对象添加组件。

```
public class fvc_go_props : MonoBehaviour{
    public GameObject obj;
    void Start(){
        print(this.gameObject.scene.name);
        print(this.gameObject.activeInHierarchy);
        print(obj.activeSelf);
        print(obj.transform.position);
        obj.AddComponent<BoxCollider>();
    }
}
```

(6) activeInHierarchy：用于判断游戏对象是否活动(已经考虑了游戏对象的父节点情况)。

与 activeSelf 相比，后者相当于获取游戏对象本地的活动状态，没有考虑父节点的情况。

(7) isStatic：判断游戏对象是否静止，可读写。true 表示游戏对象是静止的，在游戏执行过程中保存不动。false 表示游戏对象是动态的，在游戏执行过程中位置和姿态可以改变。

(8) sceneCullingMask：指明哪些场景可以显示该游戏对象。

3. 实例函数

下面是 Game Object 类的实例函数。

```
public void SetActive(bool value);
public bool CompareTag(string tag);
```

其中：

(1) SetActive：用于设置游戏对象的活动状态，输入 true 表示激活游戏对象，从前面内容得知，通过游戏对象的 ActiveSelf 可以获取其活动状态。再次重申，这里的设置和获取都是游戏对象的本地状态，而其最终的状态由自身状态与其所有的父节点对象的状态决定(逻辑"与"的操作)。

(2) CompareTag：用于确认游戏对象自身的标签是否与输入的字符串 tag 一致，如果一致则返回 true，不一致则返回 false。

下面列出多个与组件相关的实例函数。

```
public T AddComponent();
public T GetComponent();
public bool TryGetComponent(out T component);
public T[] GetComponents();
public T GetComponentInChildren(bool includeInactive = false);
public T GetComponentInParent(bool includeInactive = false);
public T[] GetComponentsInChildren(bool includeInactive = false);
public T[] GetComponentsInParent(bool includeInactive = false);
```

其中：

(1) AddComponent：给游戏对象添加组件，并返回所添加的组件。

(2) GetComponent：获取指定类型的组件。

(3) TryGetComponent：试图查找组件。如果找到则返回 true，否则返回 false。

(4) GetComponents：查找游戏对象上指定类型的所有组件，并以数组的形式返回查找结果。

(5) GetComponentInChildren：在游戏对象及其子对象上查找指定类型的组件，并返回查找结果。

(6) GetComponentInParent：在游戏对象及其父节点对象上查找指定类型的组件，并返回之查找结果。

(7) GetComponentsInChildren()和 GetComponentinParent()：分别用于在游戏对象及其子节点和父节点上查找所有指定类型的组件。当参数 includeInactive 为 false 时表示不查找非活动的游戏对象，为 true 时表示查找所有活动的和非活动的游戏对象。

将下面的 fvc_add_get_comps 代码添加到空游戏对象上。在 fvc_add_get_comps 类的 Start 函数中，先创建一个名为"children"的游戏对象，接着将其作为子对象添加到空游戏对象上，然后设置 children 为非活动状态，并添加 fvc_receive_msg 的代码组件，最后通过空游戏对象获取代码组件。运行程序，查看结果。

```
public class fvc_add_get_comps : MonoBehaviour{
    void Start() {
        GameObject children = new GameObject("children");
        children.transform.SetParent(this.transform);
        children.SetActive(false);
        children.AddComponent<fvc_receive_msg>();
        MonoBehaviour[] mbs
                = gameObject.GetComponentsInChildren<MonoBehaviour>(true);
        print(mbs.Length);
    }
}
```

游戏对象中的下面三个有关消息发送的函数与 MonoBehaviour 中的消息发送函数的作用和参数的含义都一样，请参见有关 MonoBehaviour 类的介绍，在此不重复赘述。

```
public void BroadcastMessage(string methodName, object parameter = null,
            SendMessageOptions options = SendMessageOptions.RequireReceiver);
public void SendMessage(string methodName, object value = null,
            SendMessageOptions options = SendMessageOptions.RequireReceiver);
public void SendMessageUpwards(string methodName, object value = null,
            SendMessageOptions options = SendMessageOptions.RequireReceiver);
```

4. 静态函数

下面是 Game Object 类的静态函数。

```
public static GameObject CreatePrimitive(PrimitiveType type);
```

CreatePrimitive 函数的形参 type 为 PrimitiveType 的枚举类型，取值为 Plane、Cube、Sphere、Capsule、Cylinder、Quad，分别用于创建平面、立方体、球形、胶囊、圆柱体、四边形的简单几何形状的游戏对象，参见下面的 fvc_primitive_go 代码。

```
public class fvc_primitive_go : MonoBehaviour{
    void Start(){
        GameObject cube = GameObject.CreatePrimitive(PrimitiveType.Cube);
        cube.transform.position = new Vector3(0, 0.5f, 0);
```

```
        GameObject sphere = GameObject.CreatePrimitive(PrimitiveType.Sphere);
        sphere.transform.position = new Vector3(0, 1.5f, 0);
    }
}
```

下面是用于对象查找的 GameObject 类的函数。

```
public static GameObject Find(string name);
public static GameObject FindWithTag(string tag);
public static GameObject[] FindGameObjectsWithTag(string tag);
```

其中：

(1) Find：用于查找名为 name 的游戏对象，该游戏对象必须处于 active 状态，如果没有找到则返回 null。查找过程中由于要遍历场景中所有游戏对象，出于对运行效率的考虑，尽量不要每帧调用 Find 函数。name 参数可以包含 "/" 符号，以实现子对象的查询。

(2) FindWithTag：用于查找标签为 tag 的游戏对象。如果有多个这样的游戏对象，则返回第一个被查到的。输入的标签必须在系统中已经预设，否则抛出异常。

(3) FindGameObjectsWithTag()：用于查找标签为 tag 的所有游戏对象。

查看下面的 fvc_find_go 代码。在 Awake() 函数中首先查找到场景中的 Cube 游戏对象，然后给它添加一个名为 "children" 的游戏对象。在 Start() 函数中利用预设的 MainCamera 标签，查找到主相机游戏对象，通过输入子对象路径的方法用 Find 函数查找 Cube 的子对象。

```
public class fvc_find_go : MonoBehaviour{
    void Awake(){
        GameObject cube = GameObject.Find("Cube");
        GameObject children = new GameObject("children");
        children.transform.SetParent(cube.transform);
    }
    void Start() {
        camera = GameObject.FindWithTag("MainCamera");
        GameObject son = GameObject.Find("Cube/children");
        print(son.name);
    }
}
```

1.3.4　场景及场景管理

一个场景(scene)也可以看成是一个游戏关卡。场景是 Unity 游戏系统中非常重要的概念，所有基于编辑器开始的工作都是从场景开始的。前面介绍 Unity 编辑器时，已经介绍了如何创建一个项目。创建一个新项目之后系统自动新建一个场景，后续还可以添加任意多个场景。总体来说，可以用如下 3 个途径创建场景：

(1) File/New Scene 或 Ctrl + N，用这种方法创建场景时将关闭项目中导入的所有场景，然后新建一个没命名的场景。新建的这个场景已添加到项目中，但没有保存到资源里面，需要点击 Ctrl + S 进行保存。

(2) Assets/Create/Scene，这种方法在 Project View 窗口的当前目录下新建一个场景资源文件，该新场景没有导入到项目。

(3) 通过代码创建场景，即利用场景管理器 SceneManager 类的 CreateScene()函数新建场景。

在 Unity 编辑器中，场景资源是一个后缀为 .unity 的文件，如图 1-47 所示。项目所有的场景一般都统一放置在 Assets/Scenes 文件夹底下。

图 1-47　Unity 项目的场景资源文件

1. Scene 类

Unity 在名字空间 SceneManagement 下定义了一个 Scene 类来描述场景。

(1) 下面给出 Scene 类的主要实例性质。

```
public string name;
public bool isLoaded;
public bool isDirty;
public int buildIndex;
public string path;
public int rootCount;
```

其中：

① name：场景的名称。

② isLoaded：判断场景是否导入。

③ isDirty：判断场景是否被修改。

④ buildIndex：场景在构建设置中的序号。如果场景不在构建的场景序列中，则返回大于最大序号的数字。比如，有 5 个场景在场景构建序列中，则最高序号为 4，如果你的场景不在构建序列中，则返回 5。

⑤ path：获取场景在项目中的相对路径，类似于 "Assets/Scenes/NewScene.unity"。

⑥ rootCount：场景中所有的父节点游戏对象数目(父节点下的子对象不计入其中)。

(2) 下面给出的是 Scene 的实例函数。

```
public GameObject[] GetRootGameObjects();
public void GetRootGameObjects(List<GameObject> rootGameObjects);
public bool IsValid();
```

其中：

① GetRootGameObjects()：用于获取场景中所有的父节点游戏对象数目(即父节点下的子对象不计入其中)。

② isValid()：用于判断场景是否有效。

2. SceneManager 类

SceneManager 类定义在 SceneManagement 名字空间下，提供了若干静态成员用于场景的创建和导入等操作，用于游戏运行时场景的管理。下面给出 SceneManager 的 2 个静态性质。

```
public static int sceneCount;
public static int sceneCountInBuildSettings;
```

其中：

(1) sceneCount：用于获取导入的场景数目。

(2) sceneCountInBuildSettings：用于获取加入游戏构建设置中的场景数目。构建设置是 Unity 在构建时进行的相关设置，包括目标平台、需要构建的场景。在编辑器点击"File/Build Settings"可以打开构建设置窗口，如图 1-48 所示。

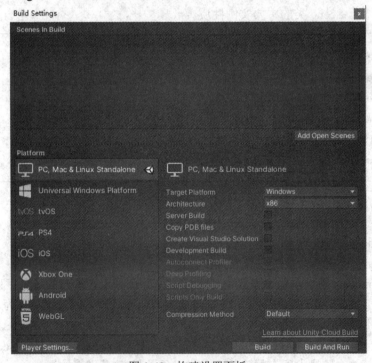

图 1-48　构建设置面板

Scene 类用于创建场景的静态函数。

```
public staticScene CreateScene(string sceneName);
public staticScene CreateScene(string sceneName,
                    CreateSceneParameters parameters);
```

　　CreateScene 函数用于动态新建场景。形参 sceneName 不能为空,也不能与已有场景的名称重复。参见下面 fvc_create_scene 中的代码。在 Start 函数中,动态创建了一个名为"NewScene"的场景。Scene 和 SceneManager 类都是在 SceneManagement 名字空间底下,所以要使用 using 命令打开名字空间。

```
using UnityEngine.SceneManagement;
public class fvc_create_scene : MonoBehaviour{
    void Start(){
        Scene newScene = SceneManager.CreateScene("NewScene");
    }
}
```

Scene 类用于导入场景的静态函数。

```
public static void LoadScene(int sceneBuildIndex, LoadSceneMode mode =
                    LoadSceneMode.Single);
public static void LoadScene(string sceneName,LoadSceneMode mode =
                    LoadSceneMode.Single);
```

　　LoadScene()函数用于将指定的场景索引(按在 Build Settings 中给定的索引)或指定的场景名称导入到系统里面。导入过程是在下一帧而不是马上进行的。导入模式分为 Single 和 Additive。前者表示先关闭所有当前的场景再导入指定的场景,后者表示将指定的场景添加到已经导入的场景中,而原有的场景处于激活状态。需要说明的是,如果只是输入场景名称,系统将会导入所有场景中与其名称匹配的第一个场景。所以,如果系统里面有多个同名场景(相应的路径不同),输入的参数必须包含完整的路径。系统所支持的参数输入格式有:"Scene1""Scene2""Scenes/Scene3""Scenes/Others/Scene3""Assets/scenes/others/scene3.unity"。

　　Scene 类用于异步导入场景的静态函数。

```
public static AsyncOperation LoadSceneAsync(string sceneName,
                    LoadSceneMode mode = LoadSceneMode.Single);
public static AsyncOperation LoadSceneAsync(int sceneBuildIndex,
                    LoadSceneMode mode = LoadSceneMode.Single);
public static AsyncOperation LoadSceneAsync(string sceneName,
                    LoadSceneParameters parameters);
public static AsyncOperation LoadSceneAsync(int sceneBuildIndex,
                    LoadSceneParameters parameters);
```

　　LoadScene()函数要确保在下一帧完成之前完成场景的导入，所以往往会出现程序运行的卡顿和不顺畅，使用多个 LoadSceneAsync 函数进行异步导入场景时，可以避免这方面的不足。

　　下面的函数用于销毁指定场景中的所有游戏对象，并从场景管理器中卸载指定的场景。

```
public static AsyncOperation UnloadSceneAsync(int sceneBuildIndex);
public static AsyncOperation UnloadSceneAsync(string sceneName);
public static AsyncOperation UnloadSceneAsync(Scene scene);
public static AsyncOperation UnloadSceneAsync(int sceneBuildIndex, UnloadSceneOptions options);
public static AsyncOperation UnloadSceneAsync(string sceneName, UnloadSceneOptions options);
public static AsyncOperation UnloadSceneAsync(Scene scene, UnloadSceneOptions options);
```

　　下面的静态函数用于将场景 sourceScene 的内容合并到 destinationScene 当中，同时删除 sourceScene。

```
public static void MergeScenes(Scene sourceScene,Scene destinationScene);
public static bool SetActiveScene(Scene scene);
public staticScene GetActiveScene();
```

其中：

　　(1) SetActiveScene：将输入的场景 Scene 设置为活动场景。

　　(2) GetActiveScene：获取当前活动场景。在设置活动场景之后，获取当前活动场景还与后续导入的场景方式有关，如果是 Single 模式，则最后导入的就是当前活动场景，如果是 Additive 模式，则原有的场景一直是当前活动场景。

　　下面的静态函数用于获取指定场景。

```
public staticScene GetSceneAt(int index);
public staticScene GetSceneByName(string name);
public staticScene GetSceneByPath(string scenePath);
```

其中：

　　(1) GetSceneAt：获取指定索引的场景。

　　(2) GetSceneByName：获取指定名称的场景。

　　(3) GetSceneByPath：获取指定路径的场景。输入的路径名是相对于项目所在的文件夹，比如"Assets/MyScenes/MyScene.unity"。

　　下面给出的MoveGameObjectToScene()函数用于将游戏对象go从当前场景移到指定的scene 中。要注意的是，被移动的必须是游戏对象的根节点，而不能移动一个游戏对象的子节点，而且该游戏对象所处的场景必须是活动的。下面的 fvc_load_async_sceney 代码演示异步导入场景、合并场景、移动游戏对象等操作。

```
public static void MoveGameObjectToScene(GameObject go,Scene scene);
```

```
public class fvc_load_async_scene : MonoBehaviour{
    public string scene;
    public GameObject go;
    void Start(){
        StartCoroutine(LoadAsyncScene());
    }
    IEnumerator LoadAsyncScene(){
        //获取当前场景
        Scene currentScene = SceneManager.GetActiveScene();
        // 在当前场景下，在后台导入场景 scene
        AsyncOperation asyncLoad =
            SceneManager.LoadSceneAsync(scene,LoadSceneMode.Additive);
        // 将场景完全导入
        while (!asyncLoad.isDone){
            yield return null;
        }
        // 将当前场景中的游戏对象移到新导入的场景 scene 中
        SceneManager.MoveGameObjectToScene(go,SceneManager.
                            GetSceneByName(scene));
        // 卸载原有场景并销毁原有场景中的所有游戏对象
        SceneManager.UnloadSceneAsync(currentScene);
    }
}
```

SceneManager 类还提供了场景发生变化时的事件处理机制，通过订阅可以定义响应这些事件。下面给出 3 个相关的事件及其说明：

(1) sceneLoaded 事件。当载入一个场景时引发该事件。事件响应函数有两个形参，第一个为 Scene 类型的，表示载入的场景；第二个为 LoadSceneMode 类型，表示载入方式。

(2) sceneUnloaded 事件。当一个场景被卸载的时候引发该事件。事件响应函数有一个 Scene 类型的形参，表示卸载的场景。

(3) activeSceneChanged 事件。当前活动场景改变时引发该事件。事件响应函数有两个 Scene 类型的形参，第一个形参是被改变的场景；第二个形参是新加入的场景。

请参见下面 fvc_scene_event 中的代码。在 Start() 函数中注册了 sceneLoaded、sceneUnloaded、activeSceneChanged 事件的响应函数，分别为 OnSceneLoaded、OnSceneUnLoaded、OnSceneChanged 函数。需要说明的是，如果要在响应代码所在的场景导入事件，则响应函数必须在 Awake() 函数中注册，请思考其原因。运行程序，点击"Space"键，开始导入名为"new_scene"的场景，同时卸载当前 active 的场景，卸载完成时调用 OnSceneUnloaded() 函数，接着导入新场景完成时调用 OnSceneLoaded() 函数，最后调用 OnSceneChanged() 函数。

```
public class fvc_scene_event : MonoBehaviour{
    public string new_scene;
    void Awake(){
    }
    void Start(){
        SceneManager.sceneLoaded += OnSceneLoaded;
        SceneManager.sceneUnloaded += OnSceneUnloaded;
        SceneManager.activeSceneChanged += OnSceneChanged;
    }
    void Update(){
        if(Input.GetKeyDown(KeyCode.Space)){
            SceneManager.LoadScene(new_scene);
        }
    }
    void OnSceneLoaded(Scene scene,LoadSceneMode mode){
        print($"{scene.name} is loaded with mode: {mode}");
    }
    void OnSceneUnloaded(Scene scene){
        print($"{scene.name} is unloaded");
    }
    void OnSceneChanged(Scene active,Scene next){
        print($"the newly loaded scene is {next.name}");
    }
}
```

1.3.5 运行时数据管理

Unity 提供的 Application 类可以进行运行时(run-time)数据的查询和控制等管理。

(1) 下面给出 Application 类提供了多个获取数据文件绝对路径的属性。

```
public static string dataPath;
public static string persistentDataPath;
public static string streamingAssetsPath;
public static string temporaryCachePath;
```

下面分别介绍这几个属性的基本含义：

① dataPath：获取程序的数据所在文件夹的绝对路径。

② persistentDataPath：获取持久性数据的绝对路径。持久性数据在程序更新时也不会被修改。

③ temporaryCachePath：获取存储临时数据/缓存数据的绝对路径。

④ streamingAssetsPath：获取保存资源文件的路径。程序运行时可以从该文件夹中导入资源。参见下面的 fvc_build_streaming_assets 代码。

```
public class fvc_build_streaming_assets : MonoBehaviour{
    private UnityEngine.Video.VideoPlayer videoPlayer;
    private string status;
    void Start() {
        GameObject cam = GameObject.Find("Main Camera");
        videoPlayer = cam.AddComponent<UnityEngine.Video.VideoPlayer>();
        //指明视频文件所在的位置.
        videoPlayer.url = Path.Combine(Application.streamingAssetsPath,
"VID.mp4");
        videoPlayer.isLooping = true;
        videoPlayer.Play();
    }
}
```

参见下面的 fvc_app_props 代码。将 fvc_app_props 添加到相机游戏对象上。在编辑器中运行游戏，其输出结果如图 1-49 所示。可以看出，dataPath 为项目的 Assets 的绝对路径。将程序构建为 exe 文件并运行，输出的结果保存在日志文件中。日志文件所在的位置可以设定，缺省情况下在 "C:\Users\liudf\AppData\LocalLow\DefaultCompany\Unity" 文件夹下名称为 Player 的文本文件。打开该日志文件可以查看这四个数据值的结果。可以看到 dataPath 为 build settings 所设定的构建文件夹下带_Data 的文件夹的绝对路径。代码如下：

```
public class fvc_app_props : MonoBehaviour{
    void Start(){
        Debug.Log(Application.dataPath);
        print(Application.persistentDataPath);
        print(Application.streamingAssetsPath);
        print(Application.temporaryCachePath);
    }
}
```

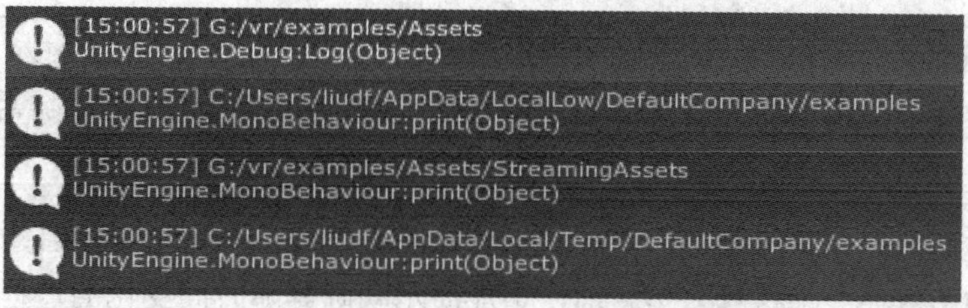

```
[15:00:57] G:/vr/examples/Assets
UnityEngine.Debug:Log(Object)

[15:00:57] C:/Users/liudf/AppData/LocalLow/DefaultCompany/examples
UnityEngine.MonoBehaviour:print(Object)

[15:00:57] G:/vr/examples/Assets/StreamingAssets
UnityEngine.MonoBehaviour:print(Object)

[15:00:57] C:/Users/liudf/AppData/Local/Temp/DefaultCompany/examples
UnityEngine.MonoBehaviour:print(Object)
```

图 1-49　fvc_app_props 的运行结果

（2）下面给出了 Application 类的 3 个静态性质。

```
public static bool isPlaying;
public static string unityVersion;
public static string version;
```

其中：

① isPlaying：在编辑器的 Play 状态下为 true，否则为 false。在 Player 模式下，程序运行时始终为 true。

② unityVersion：Unity 平台的版本号。

③ version：游戏应用程序的版本号。

（3）下面介绍 Application 类的静态函数。

```
public static void Quit();
public static void Unload();
public static void OpenURL(string url);
```

其中：

① Quit()：退出 Unity 程序。

② Unload()：退出 Unity 播放器。将游戏作为显示 2D/3D 内容的模块嵌入其他应用当中时，一般应用 Unload()函数终止该模块的运行。

③ OpenURL()：调用默认的浏览器打开一个 url 连接，url(uniform resource locator，统一资源定位符，网址是 url 的一种，所以 url 并不只是表示网址)在 windows 平台上也可以用于打开本地文件、数据库接入。

1.4　Unity 特色技术

1.4.1　Unity 协程

大多数情况下，游戏对象的状态更新可以放在代码的 Update()函数中执行。但有时候需要将变化过程延迟，不需要按 Update()函数的节奏进行更新，此时要用 MonoBehaviour 类中的 StartCoroutine()函数。

```
public Coroutine StartCoroutine(IEnumerator routine);
```

StartCoroutine()开启一个协程，主要用于游戏中的延时调用或者需要在多帧中执行的操作。在讲解这个函数之前，首先要学习什么是协程，其英文名称为 coroutine。

1. 协程

我们知道调用一个普通函数，必须执行到该函数的 return 语句才返回并结束该函数的调用，这样的函数在一帧执行完毕之前，不能演示动画等随时间变化的过程。move()函数是改变游戏对象位置的函数，调用一次该函数，只能看到物体移动的最后结果，并不能看到中间结果，即看不到移动的过程。但通过协程的方法可以将这个移动过程分解到多帧中执行，从而观察到整个移动过程。代码如下：

```
void move() {
    for(int i=0;i<10;i++){
        this.transform.position += new Vector3(i * 0.1f, 0, 0);
    }
}
```

comove()函数定义了一个协程，与一般函数一样，有返回值、参数列表等，但返回机制和类型上有特别之处，返回机制为 yield return、返回类型为 IEnumerator。函数在每一帧中执行到 yield return 语句就暂停，并记住当前状态(变量和参数值)，下一帧从当前状态开始。比如，当 i = 0 时，当前帧执行到 yield return 返回，在返回前要执行 i++，所以此时 i = 1。下一帧从 i = 1 开始，如此循环，直至 i = 29。协程实际上类似于创建一个程序集合，集合中的每个元素是代码片段，执行协程的过程类似于遍历这个集合，并执行集合中的每个代码片段。代码如下：

```
IEnumerator comove(){
    for (int i = 0; i < 30; i++){
        this.transform.position += new Vector3(i * 0.01f, 0, 0);
        yield return null;
    }
}
```

yield 关键字用于形成一个集合，产生一个迭代器 iterator，同时表明函数要在多帧中执行。return 用于在此处终止函数的执行，将控制权返回函数调用的地方，与普通函数中的 return 语句有一样的作用。协程中 return 的返回可以有多种类型，表示等待多长时间再继续执行后续代码，下面逐一介绍：

(1) null：表示等到下一帧就立刻重新执行协程，每帧一次，类似 Update()函数的运行。

(2) new WaitForSeconds(x)：x 为 float 的实参，表示等待模拟时间 x 秒再继续执行协程。这种类型是协程最常用的功能之一，在 x 秒后才会继续执行 yield return 后面的代码。

(3) new WaitForSecondsRealtime(x)：x 为 float 的实参，表示等待实际时间 x 秒再继续执行协程。由于 Update()中使用的是模拟时间，所以从实际时间上控制过程，用协程的这种方法比较方便。

(4) new WaitUntil(Func<bool>)：布尔返回类型的委托，返回的布尔值为 true 时，协程才会继续执行当行 yield return 后面的代码。每一帧都调用委托(在 Update 之后，LateUpdate 之前)。参见下面的 fvc_coroutine_wait_until 代码，在点击"Space"键之后才输出"wait until"的字符串。

```
public class fvc_coroutine_wait_until : MonoBehaviour{
    private bool control = false;
```

```
    void Start(){
        StartCoroutine(wait_until_coroutine());
    }
    void Update(){
        if(Input.GetKeyDown(KeyCode.Space)){
            control = true;
        }
    }
    IEnumerator wait_until_coroutine(){
        yield return new WaitUntil(() => control);
        print("wait until");
    }
}
```

(5) new WaitWhile(Func<bool>)：作用机制与 WaitUntil 不同，当委托返回为 false 的时候才会继续执行 yield return 后面的代码。修改 fvc_coroutine_wait_until 中的代码，用 WaitWhile 来取代 WaitUntil，运行并查看结果。

(6) new WaitForEndOfFrame()：一帧结束之后(摄像机和 GUI 完成渲染，但在屏幕上显示之前)才会继续执行 yield return 后面的代码，往往用于屏幕捕捉。

(7) new WaitForFixedUpdate()：等到下一个 FixedUpdate 执行之后才会继续执行 yield return 后面的代码。

(8) 等待另外一个协程。参见下面的 fvc_return_coroutine 中的代码，在 yield return 后面启用了另外的协程。要执行完协程 coroutine2，才会执行 coroutine1 协程中 print 语句，其输出结果如图 1-50 所示。

```
public class fvc_return_coroutine : MonoBehaviour{
    void Start(){
        StartCoroutine(coroutine1());
    }
    IEnumerator coroutine1()
    {
        yield return StartCoroutine(coroutine2());
        print("coroutine 1");
    }
    IEnumerator coroutine2()
    {
        yield return new WaitForSeconds(3);
        print("coroutine 21");
```

```
        yield return new WaitForSeconds(2);
        print("coroutine 22");
    }
}
```

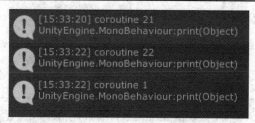

图 1-50　fvc_return_coroutine 的输出结果

2. 启动协程

利用 MonoBehaviour 类的 StartCoroutine() 函数启动协程。下面给出了该函数原型：

```
public Coroutine StartCoroutine(IEnumerator routine);
```

StartCoroutine 启用一个协程，并将协程的引用返回。参见下面的 fvc_coroutine 代码。将 fvc_coroutine 添加到游戏对象，运行程序，查看结果。

```
public class fvc_coroutine : MonoBehaviour{
    void Start(){
        StartCoroutine(comove());
    }
    IEnumerator comove(){
        for (int i = 0; i < 30; i++){
            this.transform.position += new Vector3(i * 0.01f, 0, 0);
            yield return null;
        }
    }
}
```

3. 停止协程

使用 yield break 在协程内停止一个协程。参见下面 fvc_break_coroutine 中的代码，运行代码，查看输出结果。

```
public class fvc_break_coroutine : MonoBehaviour{
    void Start(){
        StartCoroutine(coroutine());
    }
```

```
IEnumerator coroutine(){
    for(int i=0;i<20;i++){
        yield return null;
        if (i > 15)
            yield break;
        print(i);
    }
}
```

使用 MonoBehaviour 类中的 StopCoroutine() 函数在协程外停止一个协程。

```
public void StopCoroutine(string methodName);
public void StopCoroutine(IEnumerator routine);
public void StopCoroutine(Coroutine routine);
```

参见 fvc_stop_coroutine 中的代码。运行代码，查看输出结果，了解这三种函数的使用方法。

```
public class fvc_stop_coroutine : MonoBehaviour{
    Coroutine ref_coroutine;
    void Start(){
        ref_coroutine = StartCoroutine(coroutine());
    }
    IEnumerator coroutine() {
        while(true){
            yield return new WaitForSeconds(2);
            print("runing a coroutine");
        }
    }
    void Update(){
        if(Input.GetKeyDown(KeyCode.Space)){
            StopCoroutine(ref_coroutine);
            print("stop a coroutine");
        }
    }
}
```

使用 MonoBehaviour 中的函数停止所有协程。

```
public void StopAllCoroutines();
```

需要注意的是，设置当前协程的 C# 代码组件的 enable 为 false 时并不能停止当前协程的执行，但通过设置当前代码组件挂载的游戏对象为非活动(active = false)或者销毁游戏对象则可以停止关联的所有协程。与协程关联的对象是启动协程的对象，要销毁启动该协程的对象才能真正停止该协程。

1.4.2　预 制 体

1. 预制体

Unity 预制体(prefab)是指可以将游戏对象及其子对象的所有组件和性质保存起来并制作成可重复使用的模板，这样的模板就是 Unity 中的预制体。利用预制体可以在游戏场景中快速创建新的预制体实例，这种机制比起拷贝、粘贴新建一个游戏对象要更加优化。使用预制体产生的对象，只要修改预制体，场景中的所有新建对象都同步被修改，无需逐个修改。

2. 创建预制体的方法

预制体是 Unity 中的一种资源。利用 Unity 编辑器可以快速创建预制体。一旦认为在编辑器场景中的游戏对象已经完成，直接从编辑器的分层视图中拖曳该游戏对象到项目视图的窗口，系统自动创建一个与游戏对象同名的资源，其后缀为 prefab，这就是一个预制体。此时分层视图中对应的游戏对象名称变成蓝色。一般来说，为了资源的管理方便，在 Assets 下创建一个 prefabs 的文件夹用于放置项目中所有的预制体。

3. 实例化预制体

用预制体创建新游戏对象的过程，称为实例化预制体。有两种方法实例化预制体：

(1) 通过编辑器实例化预制体。在编辑器的项目视图中选中预制体，将该预制体拖曳至场景视图或分层视图中，便可快速创建预制体的实例。在分层视图窗口，用预制体实例化创建的游戏对象名称的右边都有一个 ">" 符号。

(2) 通过编程的方法实例化预制体。参见下面 fvc_prefab 中的代码。假定有一个正方体的预制体资源，将该预制体初始化代码中的 prefab。利用 MonoBehaviour 类的静态函数 Instantiate()对指定的 prefab 进行实例化，在不同位置和朝向产生 go1 和 go2 两个游戏对象。

```
public class fvc_prefab : MonoBehaviour{
    public GameObject prefab;
    void Start(){
        Vector3 pos = new Vector3(0, 0, 0);
        Quaternion q = Quaternion.AngleAxis(30, Vector3.up);
        GameObject go1 = Instantiate(prefab,pos,q);
        pos = new Vector3(2, 0, 0);
        q = Quaternion.AngleAxis(60, Vector3.up);
        GameObject go2 = Instantiate(prefab, pos, q);
    }
}
```

需要说明的是，实例化游戏对象的属性修改不影响预制体。

4. 修改预制体

选中预制体，点击检视图面板上的"Open Prefab"按钮，进入 Prefab Mode 模式。在这种模式下，编辑检视图面板上的预制体。修改结果自动保存并应用到所有实例化对象上。勾选场景视图窗口右上角的"Auto Save"复选框，使得修改结果自动保存，并将修改结果直接应用到所有实例化对象上。

也可以点击分层视图中实例化游戏对象边上的">"，如图 1-51 所示，直接进入游戏对象对应的预制体编辑模式，这样可以省去查找预制体的麻烦。

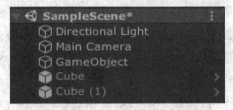

图 1-51　点击">"进入预制体编辑界面

最后需要说明的是，选中预制体时，在其检视图上显示的是预制体根节点的参数。所以，如果不进入预制体的编辑模式，只能修改预制体的根节点的性质，而无法修改其子节点的性质。

5. 预制体的变体

预制体的变体(variant)实际上就是在已有预制体的基础上改变其若干参数而新建的预制体。变体的基础是预制体，称为变体的基预制体。创建变体的过程在某种程度上类似于C#类的继承和派生，预制体是基类，变体是派生类。一个预制体可以利用变体机制创建多种类型的预制体变体。

有两种方法创建预制体的变体：

(1) 将预制体实例化。将实例化游戏对象从分层视图中拖回到原有预制体所在的文件夹底下，系统弹出如图 1-52 所示的窗口。选"Original Prefab"则新建另外一个预制体，选"Prefab Variant"则创建一个预制体的变体。由变体产生的实例在分层视图中为蓝色，并在图标上有斜线装饰。

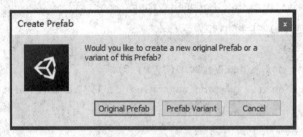

图 1-52　创建预制体的选项窗口

(2) 在项目视图中选中指定的预制体。点击鼠标右键点，选择"Create/Prefab Variant"，这样就创建了一个基于选中预制体的变体。

选中变体，进入预制体编辑模式，可以对变体的参数进行修改，这种修改称为参数覆盖(override)。点击在变体检视图面板上的"Overrides"按钮，如图 1-53 所示。在弹出的窗口中显示了变体和其基预制体参数之间的对比，如图 1-54 所示。修改的参数或添加的子对象，都会在面板上显示出来。点击 "Apply All to Base" 按钮将修改结果应用到基预制体上，点击 "Revert All" 取消所有修改，回到修改前的状态。

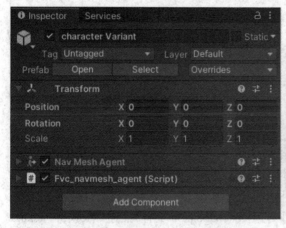
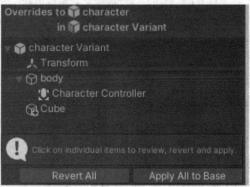

图 1-53　预制体编辑模式下的检视图面板　　　　图 1-54　变体的参数覆盖面板

图 1-53 中的 "Open" 按钮用于打开变体的基预制体，可以在分层视图、场景视图和检视图中查看基预制体。点击 "Select" 则在项目视图中查找并选中变体的基预制体，并可以进入基预制体的编辑状态，修改基预制体。由于变体是从基预制体继承而来，所以对基本预制体的修改，会直接影响到变体。

1.4.3　资源打包

1. 资源包

资源包(package)是 Unity 系统中非常重要的资源管理工具，能方便快速创建和分享可重复使用的各种模块。一个资源包可以包含 C# 代码、程序集、插件、模型、纹理、动画、声音片段等多种资源。下面分别介绍资源包所包含的信息。

1) 版本

资源包可以有多个版本。每次更新时，包管理器(Package Manager)会给该资源包设定一个新的版本号。一般来说，大多数 Unity 项目都需要多个资源包，包管理器要对所有资源包(包括直接包和间接包)进行版本的评估。首先找到项目的直接依赖包，再通过迭代计算找出所有间接依赖包，最后确定可以安装的版本，排除有冲突的版本。

2) 清单

Unity 的打包系统中涉及两类清单。一类是项目清单，另一类是资源包清单。每一个项目都有唯一的项目清单，项目清单除了用于包管理，还用作包管理器的配置。项目清单文件为项目 Packages 文件夹中的 manifest.json 文件。图 1-55 给出了一个项目清单中的部分内容，其中 "dependences" 给出了项目所需的直接依赖包的名称和版本号(除了版本号，还可以指定包所在的本地文件位置)。直接依赖包是指项目直接关联的包，不包括每个包各自的依赖包。项目直接依赖包的依赖包称为间接依赖包。间接依赖包在包清单(package manifest)中给出。

```
{
    "dependencies": {
        "com.unity.2d.sprite": "1.0.0",
        "com.unity.ide.rider": "1.2.1",
        "com.unity.ide.visualstudio": "2.0.2",
        "com.unity.timeline": "1.3.4",
        "com.example.animation": "1.0.0"
    }
}
```

图 1-55　项目清单中的依赖项

资源包清单保存在每个包文件夹下面的 package.json 文件中，用于保存该资源包的相关信息以及该资源包所需的依赖包。在项目视图中选中该文件，可以查看其检视图中的参数信息，如图 1-56 所示。点击"Open"按钮可以打开 package.json 文件，点击"View in Package Manager"可以打开包管理器查看该包的详细信息。

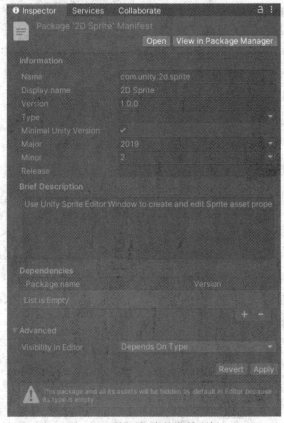

图 1-56　资源包清单参数面板

3) 注册处

资源包的注册处(Registry)是指保存资源包的服务器。Unity 维持一个中心注册处，用于保存所有官方资源包。缺省状态时，所有的 Unity 项目都使用官方资源包的注册处。

4) 资源包的来源

资源包的来源(Package Sources)给出包的出处，有以下六种来源：

(1) Registry(注册处)：大部分的包都是从注册处下载，然后保存到全局缓存区(global cache)。这些包只能使用不能修改。

(2) built-in(内置)：内置包就是 Unity 自带的包。可以对这些包进行 disable 和 enable 的设置，但不能修改，比如 Cloth、Physics 等都是内置包，点击 "Window" → "Package Manager" 打开包管理器，可以查看 Unity 的所有内置包。

(3) Embeded(嵌入)：保存在项目中的包都称为嵌入包。将项目中的各种资源打包制作的资源包就是嵌入包，也就是自己制作的包。

(4) 本地：保存在电脑中，但不在项目中的文件夹中的包。可以利用包管理器的 "Add package from disk" 按钮导入这样的包。可以对本地包进行修改。

(5) Tarball (本地压缩包)：以压缩包的形式保存在本地计算机中。利用包管理器 "Add package from tarball" 按钮导入，并保存在缓存中。与本地包不同，本地压缩包不能被修改。

(6) Git：保存在 Git 仓库，利用包管理器的 "Add package from git URL" 按钮导入。

5) 域与域名

资源包的域(Scope)定义了资源包的名称或名字空间(namespace)。比如在 com.example 或 com.example.mycompany.animation 中。com 就是一个名字空间，也称为域，这一点与 C# 的名字空间类似。由不同层次的域组成包的来源位置，称为域名(scoped name)。在包的检视图上显示的名称就是包的域名。包管理器通过查找最接近的域名来确定包的来源。图 1-57 给出了一个项目清单中一些包的注册处。

```
{
    "scopedRegistries": [
        {
            "name": "General",
            "url": "https://example.com/registry",
            "scopes": ["com.example", "com.example.tools.physics"]
        },
        {
            "name": "Tools",
            "url": "https://mycompany.example.com/tools-registry",
            "scopes": ["com.example.mycompany.tools"]
        }
    ]
}
```

图 1-57　项目清单中的资源注册处

在图 1-57 中，项目清单给出了项目的直接依赖包 com.example.animation。包管理器到指定的注册处查找，发现 "General" 中的 com.example 是与 com.example.animation 最接近的域名，所以包管理器会到 "General" 位置进行查找。

6) 资源包的发展阶段

大致来说，一个资源包有三个发展阶段：

(1) 开发阶段。开发人员在项目中建立的各种资源文件可以导出成资源包，此时为嵌入式包。

(2) 预览阶段。此时的包用于测试，并准备了初始的文档和授权许可，可以发布到官方的注册处。由包管理器进行下载，在包管理器中显示为"Preview"状态。

(3) 认证阶段(verified)。此时包经过严格的测试，在当前版本的 Unity 下证明可以安全使用，但当 Unity 版本号进行了升级，相应的包要重新进行确认。

2. 包管理器

打开一个 Unity 项目时，包管理器(Package Manager)读取项目清单文件，并向包注册服务器(package registry server)发出请求，以确定清单中每个包的依赖项。包管理器在收到来自包注册服务器发送过来的数据和信息之后在项目中安装相应的包。

Unity 提供的包管理器图形用户界面是为了方便开发人员进行包的管理，包括包的创建和分发。在 Unity 编辑器点击"Window/ Package Manager"即可以打开包管理器的图形界面，如图 1-58 所示。通过该窗口，可以查看到系统已经安装的包，并对已经安装的包进行升级、移除或注销；也可以查找新的包，下载并安装。下面详细介绍图 1-58 包管理器界面中窗口的功能。为便于讲述，将界面分成 4 个部分，分别用不同的字母标注。

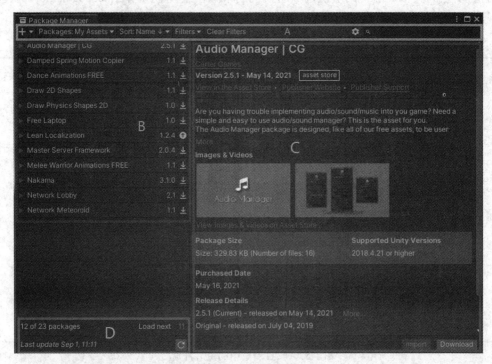

图 1-58　包管理器界面

1) A 区域

点击 A 区域上的加号"+"可以从本地或 URL 地址下载并安装资源包，"+"下拉菜单中有如下几个选项：

(1) Add package from disk：从本地某个文件夹中选中包文件 package.json，将指定的包导入项目中。导入的包最好不要放在项目中的 Assets、Library、ProjectSettings 和 Packages 文件夹中。如果将包放在 Assets 中，系统会导入两次，一次作为资源导入，一次作为包导入。如果放在 Library 文件夹中，会导致无法修改包的内容，因为所有该文件夹下的文件都不允许修改，所以 ProjectSettings 只能放置项目设置文件。如果放在 Packages 文件夹中，包管理器自动将这些包解析为嵌入式包。

(2) Add package from tarball：从本地计算上导入压缩包。

(3) Add package from git URL：通过 Git 地址导入资源包。

点击“Packages”下拉框可以有选择性地显示资源包。“My Assets”表示在资源商店购买的资源包，“Built-in”表示 Unity 系统内部自带的包。

点击“Sort”下拉框可以选择资源包列表的排序方法。可以按名字排序，也可以按购买时间排序等等。

点击“Filters”下拉框可以有多个复选框，用于按不同类型将资源包列表进行分类显示，便于查找。

点击“Clear Filters”按钮可以取消“Filters”中选中的复选框。齿轮按钮调出项目设置中关于“Package Manager”的设置。最右边的输入框用于查找 B 区域中的资源包。

2) B 区域

B 区域显示资源包列表。根据在 Filters 中复选框的选中结果或者在查找框中的输入结果显示资源包。

3) C 区域

C 区域显示在资源包列表中选中包的详细信息。从上到下依次显示：包的名称，作者，版本号和发布时间，包的文档、修改日志和版权链接，简单文字介绍，在资源商店上展示的图片、音视频截图、购买时间，包的大小，依赖包。根据选中的包的状态，在 C 区域的右下角会出现“Import”“Download”“Update”“Remove”等四个按钮(不是同时出现)。如果“Download”按钮可用，点击下载选中的资源包。如果“Import”按钮可用，点击将资源包导入到项目中。如果“Update”按钮可用，表示已经安装的包有更新版，点击进行包的更新。如果“Remove”可用，点击将选中的包从项目中移除。

4) D 区域

D 区域显示资源包的状态信息。当 A 区域的 Packages 选中 My Assets 时，显示已导入包的数量以及总的可利用包的总数。“Load next”按钮将其他可利用的包导入。“reload”按钮可让资源包管理器重新载入资源包，并刷新资源包列表。“reload”按钮左边显示最近刷新或更新包的时间。

3. 导出和导入包

打开有关 Unity 项目，点击“Assets/Export Package”打开导出资源包窗口，如图 1-59 所示，可以快速创建自己的资源包。窗口列出了项目包含的所有资源，利用复选框可以勾选需要随包一起导出的资源。窗口底部的“Include dependencies”表示是否自动选中资源的所有依赖项,一般都要勾选此项。定制好要导出的资源之后,点击"Export"按钮,选择包的保存位置,并给包设定一个恰当的名字,这样就定制了一个自己的资源包。

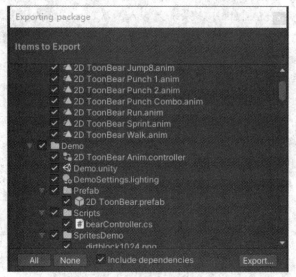

图 1-59　导出资源包窗口

往项目中导入(Import)资源包可以通过两个途径。

(1) 利用包管理器工具。从资源商店中导入一个包时,利用"packages/My Assets",在资源包列表中选中需要导入的包。如果还没有下载,点击"Download"按钮,之后点击"Import"按钮显示导入资源包窗口,如图 1-60 所示。通过图中的复选框选择需要导入资源,再点击"Import"按钮即可。

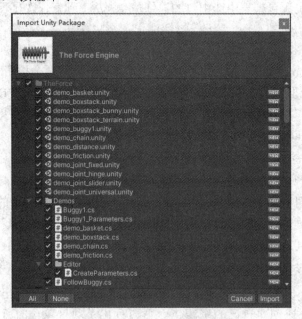

图 1-60　导入资源包窗口

(2) 利用 Unity 编辑的菜单 Assets。点击"Assets/Import Package/Custom Package",找

到指定的资源包选中，并点击"打开"按钮，出现图 1-60 所示的窗口。

可以对包管理器的可视化管理进行一些设定。在项目设定(Edit/Project Settings)选择"Package Manager"，打开项目中包管理器的设定窗口，见图 1-61。在窗口中点击展开"Advanced Settings"，有两个复选框：Enable Preview Package 和 Show Dependencies，下面分别详细介绍它们的作用。

① Enable Preview Package：如果项目中使用了预览包(preview packages)，勾选此项，则会在 Unity 编辑器的主窗口右上方的出现下拉框"Preview Package in Use"，表示在目前项目中安装了预览包。预览包是没有最终确定的版本，处于开发早期，主要用于测试，所以在编辑器上出现"Preview Package in Use"作提醒，表示项目中使用了不是终版的包。缺省情况下，预览包并不出现在可安装包的列表中，通过勾选 Enable Preview Package 选项，可以强制让系统显示预览包。

② Show Dependencies：勾选此项，在包管理器窗口(见图 1-61)的左边列表中选中某个包时，会显示这个包的所有依赖包。对项目而言，这些依赖包是间接包。

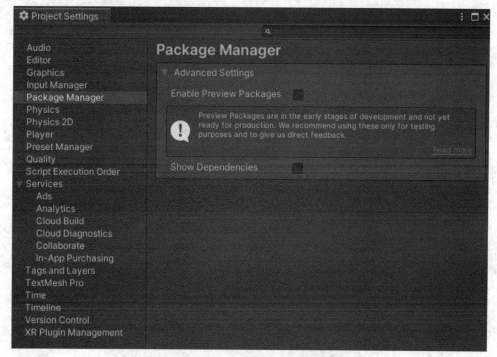

图 1-61　包管理器的设定窗口

习　　题

1.1　描述 Unity 开发中项目、场景、游戏对象、组件之间的关系。

1.2　简单介绍利用 Unity 编辑器给游戏对象添加组件的基本步骤。

1.3　给空游戏对象添加网格渲染器是否一定在场景中显示？为什么？

1.4　简单讲述 MonoBehaviour 类在 Unity 程序开发中的作用。

1.5　请给出 MonoBehaviour 类中 Update、LateUpdate、FixedUpdate 函数之间的相同点和不同点。

1.6　什么是 Unity 的协程？如何启用一个协程？

1.7　编写一个简单代码组件，添加到场景中的空游戏对象。运行程序，在控制台输出字符串"My First Game!"。

1.8　简要说明 MonoBehaviour 类中的 Awake、Start 和 OnEnable 函数的运行顺序。

1.9　当 enabled 设置为 false 时，MonoBehaviour 类的哪些函数会被禁用，哪些不会？

1.10　预制体有何作用？如何创建预制体？

第 2 章　基础数学工具

本章着重介绍在 Unity 开发中非常基础的数据结构及相关的 C#类。本章的内容分为 12 节，分别为向量类、矩阵类 Matrix4x4、四元数类 Quaternion、基本数学公式 Mathf、随机数类 Random、产生矩形区域的 Rect 类、产生包围盒的 Bounds 类、用于包围盒的 Bounds 类、用于动画编程的 AnimationCurve、MinMaxCurve、MinMaxGradient 类、时间 Time 类和用于调试的 Debug 类。通过本章的学习，读者可以熟练掌握这些数据类型和 C#类的使用，为后续基于 Unity 的 C#编程开发打下良好的基础。

2.1　向 量 类

2.1.1　Unity 的坐标系及向量

向量是有大小和方向的量。一个三维向量在笛卡尔坐标系下可以表述如下：

$$r = (x, y, z) \tag{2-1}$$

x、y、z 分别为 r 在 x、y 和 z 轴上的分量，向量 r 的长度 w 为

$$w = \sqrt{x^2 + y^2 + z^2} \tag{2-2}$$

向量 r 的长度也可以表示为 $|r|$。长度为 1 的向量为单位向量，一个向量的归一化 (normalize) 是指将一个任意长度的向量变成单位向量。比如，下式将 r 归一化为单位向量 v：

$$v = \left(\frac{x}{w}, \frac{y}{w}, \frac{z}{w} \right) \tag{2-3}$$

假如有两个向量 r 和 s，以及一个常量 c，运算公式如下：

(1) 向量相加，结果为向量，用 w 表示：

$$w = r + s = (r_x, r_y, r_z) + (s_x, s_y, s_z) = (r_x + s_x, r_y + s_y, r_z + s_z) \tag{2-4}$$

(2) 向量与常量相乘，结果为向量，用 w 表示：

$$w = r \cdot c = (cr_x, cr_y, cr_z) \tag{2-5}$$

(3) 向量点乘，结果为标量，用 q 表示：

$$q = r_x \cdot s_x + r_y \cdot s_y + r_z \cdot s_z = r \cdot s \cdot \cos\theta \tag{2-6}$$

(4) 向量叉乘，结果为垂直于 r 和 s 组成的平面的向量，用 w 表示：

$$w = r \times s = (r_y s_z - r_z s_y, r_z s_x - r_x s_z, r_x s_y - r_y s_x) \tag{2-7}$$

向量相减可以利用(1)中的向量相加推演出来，向量与常量相除可以用(2)中的向量与常量相乘推演出来。

向量叉乘在三维图形中有较多应用。众所周知，三个点或两个向量可以构成一个面。两个向量进行叉乘运算可以得到这两个向量构成面的法线。两个向量的点乘经常用于投影计算和判断两个向量是否垂直或平行，以及计算两个向量之间的夹角。

Unity 采用左手坐标系统，如图 2-1(a)所示，三维向量或位置 r 用其三个分量(x_r, y_r, z_r)标定，如图 2-1(b)所示。

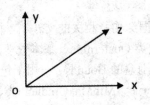 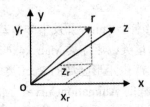

(a) 左手坐标系   (b) 三维向量或位置 r 的标定

图 2-1   Unity 的坐标系

两个向量的叉乘 $w = r \times s$，用图形表述如图 2-2 所示。

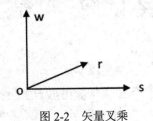

图 2-2   矢量叉乘

从图 2-2 中可以直观地看出 $s \times r = -w$。

2.1.2 构造函数

Unity 中的向量类 Vector2、Vector3 和 Vector4 是游戏场景设计、游戏对象变换和颜色表达中大量使用的数据类型，我们在学习中应深入理解并熟练掌握。由于 Vector2、Vector3 和 Vector4 在功能和实现方法上基本相同，所以本小节主要介绍 Vector3 类，兼顾介绍 Vector2 和 Vector4。下面是 Vector3 的构造函数。

```
public Vector3();
public Vector3(float x, float y);
public Vector3(float x, float y, float z);
```

无参数的构造函数产生的向量分量默认为 0。利用两个参数构造函数时，得到的向量的 z 分量默认为 0。利用三个参数的构造函数，我们可以分别对向量的三个坐标分量逐一赋值。示例代码如下：

```
Vector3 v0=new Vector3();//x=y=z=0
Vector3 v1=new Vector3(2.0f,4.0f);//z=0
Vector3 v2=new Vector3(0.0f,1.0f,2.0f);
```

可以将其他类型的向量自动转换为 Vector3。示例代码如下：

```
public class fvc_vector3 : MonoBehaviour {
    void Start () {
        Vector3 v1 = new Vector2(1.0f, 2.0f);
        Vector3 v2 = new Vector4(3.0f,4.0f,5.0f,6.0f);
        print(v1);//(1.0,2.0,0.0)
        print(v2);//(3.0,4.0,5.0)
    }
}
```

可以看到，将二维向量 Vector2 转换为 Vector3 类型时，z 分量自动设置为 0；而将 Vector4 转换为 Vector3 时，取 Vector4 的前三个元素分别作为 Vector3 的 x、y、z 分量。

2.1.3　类 性 质

1. 静态性质

Vector3 有下面 6 个静态性质，可以方便地表达上、下、左、右、前、后等 6 个方向。

```
public static Vector3 back;
public static Vector3 forward;
public static Vector3 down;
public static Vector3 up;
public static Vector3 left;
public static Vector3 right;
```

每个向量的 x、y、z 分量表示如下：
(1) back：(0, 0, -1)。
(2) forward：(0, 0, 1)。
(3) down：(0, -1, 0)。
(4) up：(0, 1, 0)。
(5) left：(-1, 0, 0)。
(6) right：(1, 0, 0)。
下面列出了 Vector3 的另外两个静态性质分别是 one 和 zero：

```
public static Vector3 one;
public static Vector3 zero;
```

每个向量的 x、y、z 分量如下：
(1) one：(1, 1, 1)。
(2) zero：(0, 0, 0)。

2. 实例性质

Unity 的三个向量类 Vector2、Vector3 和 Vector4 提供了获取或设置其分量的性质：

```
public float x;
public float y;
public float z;
public float w;
```

下面的 fvc_vector23 类展示了通过 Vector3 的实例性质获取和设置分量的值。需要指出的是，也可以通过运算符 "[]" 获取或改变分量的值。对于 Vector2，[]中的索引为 0 和 1，分别表示获取 Vector2 中的 x 和 y 分量。对于 Vector3，[]中的索引为 0、1、2，分别表示获取 Vector3 中的 x、y 和 z 分量。

```
public class fvc_vector23 : MonoBehaviour{
    void Start() {
        Vector3 v0 = new Vector3(1.0f, 0.5f, 2.2f);
        print(v0.x);//输出 v0 的 x 分量
        print(v0.y);//输出 v0 的 y 分量
        print(v0.z);//输出 v0 的 z 分量
        v0.x = 2.0f;//改变 v0 的 x 分量
        v0.x = 2.0f;//改变 v0 的 x 分量
        v0.y = -0.4f;//改变 v0 的 y 分量
        v0.z = 0f;//改变 v0 的 z 分量
        print(v0[0]);
        print(v0[1]);
        print(v0[2]);
        v0[0] = 3.0f;
        print(v0);
    }
}
```

下面的 fvc_vector4 类展示了通过 Vector4 的实例性质获取和设置分量的值。要注意 Vector4 的第四个分量是通过 w 获取的。同样地，对于 Vector4，[]中的索引为 0、1、2、3，分别表示获取 Vector3 中的 x、y、z 和 w 分量。

```
public class fvc_vector4 : MonoBehaviour{
    void Start() {
        Vector4 v = new Vector4();
        print(v);
        v.x = 1.0f;
```

```
            v.y = 2.0f;
            v.z = 3.0f;
            v.w = 4.0f;
            print(v);
        }
    }
```

以下是 Vector3 常用的实例属性：

```
public float magnitude;
public float sqrMagnitude;
public Vector3 normalized;
```

其中：

(1) magnitude：向量的长度。

(2) sqrMagnitude：向量长度的平方。

(3) normalized：向量的归一化向量，即单位向量。

2.1.4 类方法

1. 实例方法

Vector3 只是提供了两个简单的示例方法：

```
public void Set(float newX, float newY, float newZ);
public bool Equals(object other);
```

其中：

(1) Set：用于设定指定的 Vector3 实例的三个分量。

(2) Equals：用于判断实例与输入的对象是否相等。

示例代码如下：

```
Vector3 v=new Vector3();
v.Set(1.0f,2.0f,3.0f);
bool b=v.Equals(Vector3.one);
```

2. 静态方法

Vector2、Vector3 和 Vector4 的静态方法主要用于进行相关向量的数学运算，比如计算两个空间点 a 和 b 之间的距离、两个向量之间的夹角等。下面以 Vector3 为例进行详细讲解，Vector2 和 Vector4 中的对应函数的使用方法相同，不再赘述。

两个矢量之间的夹角和两个空间点之间的距离是几何计算中最基本的问题，下面的静态函数就用于这方面的处理。

```
public static float Angle(Vector3 from, Vector3 to);
public static float SignedAngle(Vector3 from, Vector3 to, Vector3 axis);
public static float Distance(Vector3 a, Vector3 b);
```

其中：

(1) Angle：用于计算两个向量之间小于 180°的夹角，单位为(°)。

(2) SignedAngle：用于计算以 axis 为旋转轴、从向量 from 到向量 to 的旋转角度，计算得到的角度在-180°～180°之间。

(3) Distance：用于计算两个空间点之间的距离。

下面的 fvc_angle_distance 类演示了上面三个函数的基本使用方法，其输出结果如图 2-3 所示。代码中的计算方法如图 2-4 所示。代码中，angle0 是图 2-4 中 x 轴和 z 轴的夹角，为 90°；angle1 计算的是从 x 轴沿 y 轴旋转到 z 的角度，由于是逆时针旋转，所以是 -90°；dist 为图 2-4 所示的虚线长度。

```
public class fvc_angle_distance : MonoBehaviour{
    void Start() {
        float angle0 = Vector3.Angle(Vector3.right, Vector3.forward);
        float angle1 = Vector3.SignedAngle(Vector3.right, Vector3.forward, Vector3.up);
        print(angle0);
        print(angle1);
        Vector3 p0 = new Vector3(3, 0, 0);
        Vector3 p1 = new Vector3(0, 0, 2);
        float dist = Vector3.Distance(p0,p1);
        print(dist);
    }
}
```

图 2-3　fvc_angle_distance 的输出结果

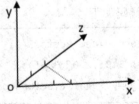

图 2-4　角度和距离的计算

Vector3 类的主要静态函数如下：

```
public static Vector3 Cross(Vector3 a, Vector3 b);
public static float Dot(Vector3 a, Vector3 b);
public static Vector3 Scale(Vector3 a, Vector3 b);
```

其中：

(1) Cross 函数用于计算两个向量 a 与 b 的叉乘，得到一个新的向量 r = a × b，分别垂直于 a 和 b，如图 2-5 所示。

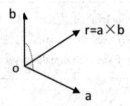

图 2-5　向量 a 与 b 的叉乘 a × b

(2) Dot 函数用于计算两个向量的点乘，得到标量 x = a·b·cosθ，θ 为向量 a 和 b 之间的夹角。

(3) Scale 函数用于将输入的向量 a(x1, y1, z1) 和 b(x2, y2, z2) 所对应的分量相乘，得到一个新的向量 r = (x1·x2, y1·y2, z1·z2)，参见 fvc_vector_cds 中的代码。

```
public class fvc_vector_cds : MonoBehaviour{
    void Start(){
        Vector3 r = Vector3.Cross(Vector3.right, Vector3.up);
        print(r);//forward,(0,0,1)
        float x = Vector3.Dot(Vector3.right, Vector3.up);
        print(x);//0
        Vector3 a = new Vector3(1, 2, 3);
        Vector3 b = new Vector3(4, 5, 6);
        Vector3 s = Vector3.Scale(a, b);
        print(s);//(4,10,18)
    }
}
```

fvc_vector_cds 的输出结果如图 2-6 所示。Vector3 中还有一个实例函数 Scale()，可以实现与静态函数 Scale() 相同的功能。

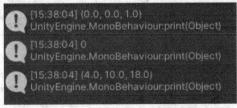

图 2-6　fvc_vector_cds 的输出结果

下面给出的静态函数用于比较两个分量：

```
public static Vector3 Max(Vector3 a, Vector3 b);
public static Vector3 Min(Vector3 a, Vector3 b);
```

其中：

(1) Max()：用于返回两个向量中每个分量的较大值构成的向量。

（2）Min()：用于返回两个向量中每个分量的较小值构成的向量。

下面的静态函数用于矢量的规范化处理：

```
public static Vector3 Normalize(Vector3 value);
public static void OrthoNormalize(ref Vector3 normal, ref Vector3 tangent);
public static void OrthoNormalize(ref Vector3 normal, ref Vector3 tangent, ref Vector3 binormal);
```

其中：

（1）Normalize()：用于返回输入向量的归一化向量，即长度为 1 的向量。

（2）两参数的 OrthoNormalize()：用于将向量 normal 和 tangent 归一化，同时将 tangent 的方向垂直于 normal。

（3）三参数的 OrthoNormalize()：用于将向量 normal、tangent 和 binormal 归一化，同时将 tangent 的方向垂直于 normal，binormal 同时垂直于 normal 和 tangent。

运行下面的 fvc_vector_mmn 文件中的代码，其输出结果如图 2-7 所示。代码中，v1 向量是(2, 4, 7)，v2 向量是(1, 5, 9)，这两个向量中 x 分量最大的是 2，y 分量最大的是 5，z 分量最大的是 9，所以 Max 函数返回的是(2, 5, 9)；同理，Min 函数返回的是(1, 4, 7)。

```
public class fvc_vector_mmn : MonoBehaviour{
    void Start(){
        Vector3 v1 = new Vector3(2, 4, 7);
        Vector3 v2 = new Vector3(1, 5, 9);
        Vector3 max = Vector3.Max(v1, v2);
        Vector3 min = Vector3.Min(v1, v2);
        Vector3 norm = Vector3.Normalize(v1);
        print(max);
        print(min);
        print(norm);
    }
}
```

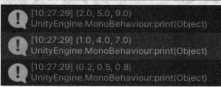

图 2-7　fvc_vector_mmn 代码的输出结果

下面四个函数是 Vector3 的插值函数，在实际开发中经常使用。

```
public static Vector3 Lerp(Vector3 a, Vector3 b, float t);
public static Vector3 Slerp(Vector3 a, Vector3 b, float t);
public static Vector3 LerpUnclamped(Vector3 a, Vector3 b, float t);
public static Vector3 SlerpUnclamped(Vector3 a, Vector3 b, float t);
```

其中：

(1) Lerp()：用于根据插值系数 t(0≤t≤1)在两个点 a 和 b 之间进行线性插值，得到一个新的点 p = a + (b − a)t。可以看出，t = 0 时，p = a，t = 1 时，p = b；t = 0.5 时，p 是 a 与 b 之间的中间点。利用 Lerp()函数可以获取 a 与 b 连线上的某个点。

(2) Slerp()：用于根据输入的插值系数，在 a 与 b 之间进行球形插值。利用 Slerp()函数可以获取 a 与 b 之间的某个方向。Lerp()和 Slerp()函数的不同之处是：前者处理的是空间点，而后者处理的是方向。

(3) LerpUnclamped()：与 Lerp()一样，也是在两个点之间线性插值得到一个新的点，但前者的插值系数 t 不局限在[0, 1]之间，可以小于 0，也可以大于 1，此时将返回在 a 和 b 连线上，但在[a, b]以外。

(4) SlerpUnclamped()：与 Slerp()函数一样，用于对方向进行插值，得到一个新的方向，但前者输入的 t 的含义与 LerpUnclamped()一样，所以 SlerpUnclamped()函数可以返回 a 和 b 之外的方向。

fvc_vector_lerp 类的 Start 函数调用 9 次 Lerp()函数，在 v1 和 v2 之间插值。运行该文件中的代码，得到图 2-8 所示的结果。注意，DrawLine 是用来调试的，运行程序时在 Game 窗口选中 Gizmos 或返回到 Scene 窗口下，所画线条可见。将 fvc_vector_lerp 中的 Lerp()函数改成 Slerp()函数，重新运行程序，得到图 2-9 所示的结果。

```
public class fvc_vector_lerp : MonoBehaviour{
    void Start(){
        Vector3 v1 = new Vector3(2, 1, 0);
        Vector3 v2 = new Vector3(-2, 1, 0);
        for(int i=1;i<10;i++){
            Vector3 v = Vector3.Lerp(v1, v2, 0.1f * i);
            Debug.DrawLine(Vector3.zero, v, Color.yellow,20);
        }
    }
}
```

下面的静态函数用于限制向量的最大长度。

```
public static Vector3 ClampMagnitude(Vector3 vector, float maxLength);
```

图 2-8　线性插值的结果

图 2-9　球形插值的结果

其中：

ClampMagnitude()：返回一个向量，该向量的方向与输入的 vector 一致，但其长度不超过 maxLength。也就是说，如果 vector 的长度小于或等于 maxLength 的值，则返回 vector；否则对 vector 进行截断。

下面的静态函数用于改变当前的矢量。

```
public static Vector3 MoveTowards(Vector3 current, Vector3 target, float maxDistanceDelta);
public static Vector3 RotateTowards(Vector3 current, Vector3 target, float maxRadiansDelta,
                    float maxMagnitudeDelta);
public static Vector3 SmoothDamp(Vector3 current, Vector3 target,
                    ref Vector3 currentVelocity, float smoothTime,
                    float maxSpeed = Mathf.Infinity,
                    float deltaTime = Time.deltaTime);
```

其中：

(1) MoveTowards：调用 MoveTowards 函数时，根据输入的 maxDistanceDelta，在当前位置 current 的基础上得到新的位置并返回，新的位置在当前点 current 到目标点 target 的直线上。如果当前位置与 target 的距离小于第三个参数 maxDistanceDelta，则返回 target 的位置；反之，则返回实际移动的位置。maxDistanceDelta 越大，移动速度越快。如果要得到与帧速无关的移动速度，可以将 maxDistanceDelta 乘以 Time.deltaTime 作为该函数的第三个实参。如果 maxDistanceDelta 为负值，则允许沿直线向远离 target 的方向移动。MoveTowards 函数可以方便地将物体沿直线移到某个指定位置。在如图 2-10 所示的场景中，将球体作为目标点，运行 fvc_vector_move 代码，可以看到方块向球体移动，最后停止在球体位置不动。

```
public class fvc_vector_move : MonoBehaviour{
    public Transform target;
    private float maxDist = 1.0f;
    void Update(){
        transform.position = Vector3.MoveTowards(transform.position,
                        target.position,maxDist*Time.deltaTime);
    }
}
```

图 2-10　向指定目标(球体)移动立方体

(2) RotateTowards：每调用一次 RotateTowards 函数，将根据输入的 maxRadiansDelta

和 maxMagnitudeDelta，在当前方向 current 的基础上得到新的方向，该新的方向在角度和长度上逐渐向目标方向靠拢。运行下面 fvc_vector_rotate 中的代码，得到如图 2-11 所示的结果，最左边的线段表示起始方向，最右边的线段表示目标方向。可以看出，调用 15 次 RotateTowards()函数到达目标方向。

```
public class fvc_vector_rotate : MonoBehaviour{
    private Vector3 v1 = new Vector3(-2, 1, 0);
    private Vector3 v2 = new Vector3(2, 4, 0);
    private float radDelta = 0.1f;
    private float magDelta = 0.2f;
    void Start() {
        Debug.DrawLine(Vector3.zero, v1, Color.yellow, 20);
        for (int i=1;i<50;i++){
            v1 = Vector3.RotateTowards(v1, v2, radDelta, magDelta);
            Debug.DrawLine(Vector3.zero, v1, Color.yellow, 20);
        }
    }
}
```

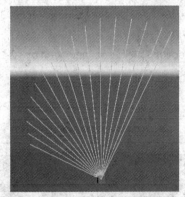

图 2-11　方向插值旋转

(3) SmoothDamp：该函数根据输入的当前值 current，在 smoothTime 内得到一个新的值，使其逐渐达到最终目标值 target，但绝对不会超过目标值。smoothTime 越小，改变越快。该函数常用于平稳改变位置和颜色。SmoothDampAngle 函数与 SmoothDamp 函数类似，用于平稳改变某个值。前者主要用于改变角度，常用于控制相机。

下面给出 3 种投影函数。

```
public static Vector3 Project(Vector3 vector, Vector3 normal);
public static Vector3 ProjectOnPlane(Vector3 vector, Vector3 planeNormal);
public static Vector3 Reflect(Vector3 vector, Vector3 normal);
```

其中：

(1) Project：用于将输入的向量 vector 向某个指定的方向 normal 投影，得到并返回该指定方向的投影分量，见图 2-12(a)。

(2) ProjectOnPlane：用于将输入的向量 vector 向某个指定的平面进行投影，得到并返回在这个平面上的投影分量，见图 2-12(b)。

(3) Reflect：用于将向量 vector 沿法线方向 normal 进行反射，得到并返回反射方向的向量，见图 2-12(c)。投影函数的一个典型应用场景是当枪手在固定铁轨上运动时，为了尽量瞄准目标，需要在铁轨的运动方向上施加力，此时可以利用投影函数得到力的方向。反射函数则可以用来模拟乒乓球被桌面反弹的过程。

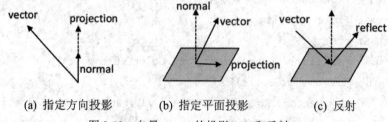

　　(a) 指定方向投影　　　　　(b) 指定平面投影　　　　　(c) 反射

图 2-12　向量 vector 的投影(a, b)和反射(c)

运行下面 fvc_vector_projection_reflection 的代码，体会上面三个函数的输入和输出结果，如图 2-13 所示。

```
public class fvc_vector_projection_reflection : MonoBehaviour{
    void Start() {
        Vector3 proj1 = Vector3.Project(new Vector3(3, 2, 1), Vector3.up);
        print(proj1);//(0,2,0)
        Vector3 pos = Vector3.Reflect(new Vector3(-2,0,-2), Vector3.forward);
        print(pos);//(-2,0,2)
    }
}
```

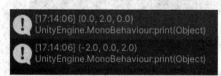

图 2-13　fvc_vector_projection_reflection 的运行结果

需要说明的是，作为数学向量类，向量的基本数学运算，比如 +、−、*、/、!= 等运算在 Vector2、Vector3 和 Vector4 中都实现了运算符重载。

2.2　Matrix4x4 类

Matrix4x4 是 Unity 系统提供的一个 4×4 矩阵类，主要用来实现游戏对象的变换 (transformation)，所以有时也称为变换矩阵。通过齐次坐标，变换矩阵可以方便地执行任意线性空间变换(平移、旋转、缩放)和透视变换(perspective transformation)。在 Unity 系统中，变换、相机、材质等组件经常用到 Matrix4x4。在讲解 Matrix4x4 之前，我们先从数学和计算机图形学的角度介绍矩阵的基本知识。

2.2.1　矩阵及其运算

矩阵(Matrix)是高等代数中非常重要的一个概念和工具。在计算机图形学中，各种图形操作也要用到矩阵。矩阵是一个按照长方形排列的实数或复数集合，例如：

$$A = \begin{pmatrix} a_{11} & \cdots & a \\ \vdots & & \vdots \\ a_{m1} & \cdots & a_{mn} \end{pmatrix} = (a_{ij}) \tag{2-8}$$

式中，A 是一个矩阵，具有 m 行(row)、n 列(column)元素，被称为 m × n 矩阵；a_{ij} 称为矩阵 A 的第 i 行第 j 列元素(element)。当 m = n 时，矩阵为方矩阵(square matrix)。当一个方矩阵的对角元素(即 i = j 的元素)等于 1，其他元素等于 0 时，称为单位矩阵(identity matrix)，一般用 I 表示，比如：

$$\begin{cases} I_1 = \begin{pmatrix} 1 & 0 \\ 0 & 1 \end{pmatrix} \\ I_2 = \begin{pmatrix} 1 & 0 & 0 \\ 0 & 1 & 0 \\ 0 & 0 & 1 \end{pmatrix} \end{cases} \tag{2-9}$$

矩阵有四种常见的运算，分别是矩阵相加、矩阵相乘、矩阵的逆和转置矩阵。

(1) 矩阵相加。两个 m × n 矩阵 A 和 B 可以相加，得到新矩阵 M，公式如下：

$$M = A + B = (a_{ij} + b_{ij}) \tag{2-10}$$

(2) 矩阵相乘。一个 m × n 矩阵 A 可以与一个 n × r 矩阵 B 相乘，得到一个新矩阵 M，公式如下：

$$M = A \times B = (m_{ij}) = (\sum_{k=1}^{n} a_{ik} b_{kj}) \tag{2-11}$$

M 是一个 m × r 矩阵。可以看出，A × B ≠ B × A。

(3) 矩阵的逆。如果有一个方矩阵 A，存在另一个方矩阵 N，它们相乘得到一个单位矩阵，公式如下：

$$A \times N = I \tag{2-12}$$

则称 N 是 A 的逆矩阵(inverse matrix)，记为 $N = A^{-1}$。A 是 N 的逆矩阵，A 与 N 是互逆的。

(4) 转置矩阵。对于一个 m × n 矩阵 A = (a_{ij})，将其第 i 行转换为另一个矩阵的第 i 列，得到的新矩阵为 A 的转置矩阵(transpose matrix)，记为 A^T，A^T 的公式是：

$$A^T = (a_{ij}) \tag{2-13}$$

这是一个 n × m 矩阵，比如：

$$\begin{cases} A = \begin{pmatrix} a_{11} & a_{12} & a_{13} \\ a_{21} & a_{22} & a_{23} \end{pmatrix} \\ A^T = \begin{pmatrix} a_{11} & a_{21} \\ a_{12} & a_{22} \\ a_{13} & a_{23} \end{pmatrix} \end{cases} \tag{2-14}$$

2.2.2　齐次坐标及矩阵变换

前面从数学的角度介绍了矩阵的基本知识,接下来讲解矩阵在计算机图形学中的应用,这有利于我们准确理解后续内容。假如 v 是一个空间点,下面的操作:

$$v' = D + v \tag{2-15}$$

相当于移动 v 点得到 v′ 点,D 是一个平移向量。通过旋转矩阵 R,可将 v 旋转一个角度:

$$v' = Rv \tag{2-16}$$

通过缩放矩阵 S,可将 v 的坐标分量进行放大或缩小:

$$v' = Sv \tag{2-17}$$

可以看出,上面三个式子中,平移通过向量相加实现,旋转和缩放通过矩阵与向量相乘实现,在表述上不统一。此时可以采用齐次坐标系将上述三式统一起来。

在计算机图形学中,齐次坐标系增加了空间的维数,使得平移操作能够按矩阵来实现,而不是像上面那样用向量来实现。在齐次坐标系中,三维空间点 v(x, y, z) 变为

$$v = (x, y, z, 1) \tag{2-18}$$

用列矩阵表示一个空间点(与 Unity 系统一致),平移操作用矩阵 T 表述如下:

$$v' = Tv^T$$

$$T = \begin{pmatrix} 1 & 0 & 0 & T_x \\ 0 & 1 & 0 & T_y \\ 0 & 0 & 1 & T_z \\ 0 & 0 & 0 & 1 \end{pmatrix} \tag{2-19}$$

其中,T_x、T_y 和 T_z 分别表示在 x、y 和 z 轴上的平移分量,T 称为平移矩阵,v′ 的坐标分量为

$$\begin{cases} x' = x + T_x \\ y' = y + T_y \\ z' = z + T_z \end{cases} \tag{2-20}$$

绕 x 轴旋转的矩阵 R_x 为

$$R_x = \begin{pmatrix} 1 & 0 & 0 & 0 \\ 0 & \cos\theta & -\sin\theta & 0 \\ 0 & \sin\theta & \cos\theta & 0 \\ 0 & 0 & 0 & 1 \end{pmatrix} \tag{2-21}$$

绕 y 轴旋转的矩阵 R_y 为

$$R_y = \begin{pmatrix} \cos\theta & 0 & \sin\theta & 0 \\ 0 & 1 & 0 & 0 \\ -\sin\theta & 0 & \cos\theta & 0 \\ 0 & 0 & 0 & 1 \end{pmatrix} \tag{2-22}$$

绕 z 轴旋转的矩阵 R_z 为

$$R_z = \begin{pmatrix} \cos\theta & -\sin\theta & 0 & 0 \\ \sin\theta & \cos\theta & 0 & 0 \\ 0 & 0 & 1 & 0 \\ 0 & 0 & 0 & 1 \end{pmatrix} \tag{2-23}$$

对应的 x 轴旋转变换为 $v' = R_x v^T$，坐标分量变换如下：

$$\begin{cases} x' = x \\ y' = y\cos\theta - z\sin\theta \\ z' = y\sin\theta + z\cos\theta \end{cases} \tag{2-24}$$

缩放矩阵 S 为

$$S = \begin{pmatrix} S_x & 0 & 0 & 0 \\ 0 & S_y & 0 & 0 \\ 0 & 0 & S_z & 0 \\ 0 & 0 & 0 & 1 \end{pmatrix} \tag{2-25}$$

对应 S 的坐标变换如下：

$$\begin{cases} x' = S_x x \\ y' = S_y y \\ z' = S_z z \end{cases} \tag{2-26}$$

利用矩阵实现坐标变换除了数学表述上的统一外，还有更大的用处。利用矩阵运算的结合律，可以将多次变换统一为一次变换。比如，执行两次变换，先平移 T，然后旋转 R，在数学上表述为

$$v' = R(Tv^T) \tag{2-27}$$

可以用 M = RT 得到一个综合的变换矩阵，式(2-27)变为

$$v' = Mv^T \tag{2-28}$$

如果一个模型有 10 万个顶点，对这个模型做上述操作，利用矩阵的运算法则是否可以提高运算效率？要特别注意，在执行多个变换的时候，一般情形下其结果与多个变换的执行顺序密切相关，不同的执行顺序可能出现不同的变换结果。请读者自行思考两个平移

变换是否可以交换顺序。

2.2.3　构造函数

```
public Matrix4x4(Vector4 col0, Vector4 col1, Vector4 col2, Vector4 col3);
```

Unity 中的矩阵是以列为主的矩阵，按照上面构造函数得到的矩阵 col0 为矩阵的第一列，col1 为第二列，以此类推。所以下面的代码输出结果为图 2-14。在实际开发中，大多数情况下不需要我们如代码 fvc_matrix_ctr 中那样，直接输入数据实例化一个矩阵。此外，我们可以利用[ ]运算符获取矩阵的元素，[m, n]表示 m 行、n 列的元素。比如 fvc_matrix_ctr 中的 m[0, 2]表示获取矩阵 m 中第一行、第三列的元素。代码如下：

```
public class fvc_matrix_ctr : MonoBehaviour{
    void Start(){
        Matrix4x4 m = new Matrix4x4(
            new Vector4(1,2,3,4),
            new Vector4(5,6,7,8),
            new Vector4(9,10,11,12),
            new Vector4(13,14,15,16) );
        print(m[0,2]);
        Debug.Log(m);
    }
}
```

1.00000	5.00000	9.00000	13.00000
2.00000	6.00000	10.00000	14.00000
3.00000	7.00000	11.00000	15.00000
4.00000	8.00000	12.00000	16.00000

图 2-14　以列为主的矩阵

2.2.4　类的性质

1. 静态性质

Matrix4x4 提供了两个静态性质用于方便产生两个特殊矩阵：单位矩阵和零矩阵，如图 2-15 所示。

```
public static Matrix4x4 identity;
public static Matrix4x4 zero;
```

其中：

(1) identity：单位矩阵。

（2）zero：零矩阵。

1.00000	0.00000	0.00000	0.00000		0.00000	0.00000	0.00000	0.00000
0.00000	1.00000	0.00000	0.00000		0.00000	0.00000	0.00000	0.00000
0.00000	0.00000	1.00000	0.00000		0.00000	0.00000	0.00000	0.00000
0.00000	0.00000	0.00000	1.00000		0.00000	0.00000	0.00000	0.00000

图 2-15　单位矩阵(左图)和零矩阵(右图)

2. 实例性质

下面方框中给出的是 Matrix4x4 的实例性质：

```
public Matrix4 x 4 transpose;

public Matrix4 x 4 inverse;

public float determinant;

public Quaternion rotation;

public FrustumPlanes decomposeProjection;
```

其中：

（1）transpose：该矩阵的转置矩阵。

（2）inverse：该矩阵的逆矩阵，在游戏引擎中逆矩阵一般用来恢复变换之前的状态。

（3）determinant：矩阵的秩。

（4）rotation：该矩阵的旋转分量，用四元数表示。在物体的空间变化中，一个矩阵包含了平移、旋转和缩放信息。

（5）decomposeProjection：当矩阵用作投影矩阵时，矩阵所包含的视景体的六个剪切面，分别是 bottom、top、left、right、zFar 和 zNear。

2.2.5　类方法

1. 静态方法

游戏对象的变换，包括平移、旋转和缩放，从数学的角度来说其实现过程都是通过矩阵来完成的，所以如何得到这些变换所需要的矩阵就非常重要。Matrix4x4 类提供了若干个这样的静态函数创建这些变换对应的矩阵：

```
public static Matrix4 x 4 Translate(Vector3 vector);

public static Matrix4 x 4 Rotate(Quaternion q);

public static Matrix4 x 4 Scale(Vector3 vector);

public static Matrix4 x 4 TRS(Vector3 pos, Quaternion q, Vector3 s);
```

其中：

（1）Translate：用于输入的参数产生平移矩阵。实参 vector 表示平移量，即在 x、y、z 轴上移动的距离。比如，沿 x 轴移动 3 个单位，则输入的实参为 new Vector3(3, 0, 0)。

（2）Rotate：用于输入的四元数产生一个旋转矩阵。四元数与旋转没有直观的联系，一般由欧拉角产生一个四元数，然后由 Rotate()产生对应的旋转矩阵。

(3) Scale：用于输入的参数产生一个缩放矩阵。实参 vector 表示在 x、y、z 轴上的缩放比例，缩放比例为大于 0 的数值，小于 1 表示缩小，大于 1 表示放大。

(4) TRS：用于输入的参数得到一个同时实现平移、旋转和缩放的变换矩阵。第一个参数 pos 表示平移量，第二个参数 q 表示旋转量，第三个参数表示 s 表示缩放量。

下面的 fvc_matrix_trs 代码演示了上述 4 个函数的使用。Matrix4x4 矩阵的 m_{03}、m_{13}、m_{23} 元素构成平移矢量(m_{03}、m_{13}、m_{23})。请读者自行运行该代码，并查看数据结果。

```
public class fvc_matrix_trs : MonoBehaviour{
    void Start(){
        Matrix4x4 mt = Matrix4 x 4.Translate(new Vector3(3, 0, 0));
        Matrix4x4 mr = Matrix4 x 4.Rotate(Quaternion.identity);
        Matrix4x4 ms = Matrix4 x 4.Scale(new Vector3(0.5f, 0.4f, 0.3f));
        Matrix4x4 trs = Matrix4 x 4.TRS(new Vector3(0, 0, 4), Quaternion.identity,
                                new Vector3(2, 2, 2));
        print(mt);
        print(mr);
        print(ms);
        print(trs);
    }
}
```

另外，还有一些 Matrix4x4 类的静态函数如下：

```
public static Matrix4 x 4 Perspective(float fov, float aspect, float zNear, float zFar);
public static Matrix4 x 4 Ortho(float left, float right, float bottom, float top, float zNear,
                                float zFar);
public static Matrix4 x 4 LookAt(Vector3 from, Vector3 to, Vector3 up);
```

其中：

(1) Perspective()：用于创建透视投影矩阵，利用该矩阵可以通过相机设置不同的透视投影。函数的参数 fov 表示视场角度，该值越大，观察范围越大。参数 aspect 表示视口宽高比，参数 zNear 和 zFar 分别表示近剪切面和远剪切面的位置。有关透视投影及其相关参数的具体含义，请参考第 5 章的有关内容。

(2) Ortho()：用于创建正交投影矩阵，参数 left、right 分别表示视口的左边、右边的位置(x 值)，top、bottom 分别表示视口的上边、下边的位置(y 值)，zNear 和 zFar 分别表示近剪切面和远剪切面的位置(z 值)。

(3) LookAt()：用于创建一个变换矩阵，实现游戏对象的平移和旋转。参数 to 表示要指向的目标点，from 表示平移距离，up 表示游戏对象的向上方向(本地 y 方向)。

将下面的 fvc_perspective_matrix 代码添加到相机游戏对象上，将该游戏对象的相机组件设置为代码中的 camera。运行程序，调节 fov 和 aspect 的值，观察场景视口的变化。

```
public class fvc_perspective_matrix : MonoBehaviour{
    public float fov=60;
    public float aspect=1.2f;
    public Camera camera;
    void OnPreCull(){
        Matrix4x4 mat = Matrix4 x 4.Perspective(fov, aspect, 0.1f, 1000);
        camera.ResetProjectionMatrix();
        camera.projectionMatrix = mat;
    }
}
```

为了进一步弄清楚 LookAt()函数的具体作用，运行下面的 fvc_look_at_matrix 代码。可以看出输出的矩阵 mat1 与 mat2 完全相同，结果如图 2-16 所示，说明 LookAt(from, to, Vector3.up)等同于 TRS(from, Quaternion.LookRotation(to - from,Vector3.up), Vector3.one)。

```
public class fvc_look_at_matrix : MonoBehaviour{
    void Start() {
        Vector3 from = new Vector3(2, 0, 0);
        Vector3 to = new Vector3(0, 0, 2);
        Matrix4 x 4 mat1 = Matrix4 x 4.LookAt(from,to,Vector3.up);
        print(mat1);
        Vector3 v = new Vector3(mat1.m03, mat1.m13, mat1.m23);
        print(v);
        Matrix4 x 4 mat2 = Matrix4 x 4.TRS(from, Quaternion.LookRotation(to - from,
                                    Vector3.up), Vector3.one);
        print(mat2);
    }
}
```

```
0.70711    0.00000    -0.70711    2.00000
0.00000    1.00000    0.00000     0.00000
0.70711    0.00000    0.70711     0.00000
0.00000    0.00000    0.00000     1.00000
```

图 2-16 fvc_look_at_matrix 输出的矩阵

2. 实例方法

下面的函数根据矩阵的平移、旋转和缩放数据将输入的空间点或矢量进行变换：

```
public Vector3 MultiplyPoint(Vector3 point);
public Vector3 MultiplyPoint3 x 4(Vector3 point);
public Vector3 MultiplyVector(Vector3 vector);
```

其中：

(1) MultiplyPoint：利用该矩阵的平移分量对输入的空间点 point 进行平移变换，得到一个新的位置。

(2) MultiplyPoint3x4：除了不能进行投影变换之外，其他功能与 MultiplyPoint 函数的一致，但其运算速度要比后者快。

(3) MultiplyVector：利用该矩阵的旋转分量对输入的方向 vector 进行变换，得到一个新的矢量。

运行下面的 fvc_matrix_multiply_point 代码，查看输出结果。在 Start 函数中，首先利用 Matrix4x4 产生一个沿 x 轴平移 3 单位长度的平移矩阵，接着将该矩阵应用到空间点(1, 1, 1)上面。得到结果是将(1, 1, 1)沿 x 轴平移 3 个单位，所以得到新的空间点为(4, 1, 1)。同样的道理，用 Matrix4x4 矩阵产生一个绕 z 轴旋转 90°的旋转矩阵，接着将该矩阵应用到矢量(1, 0, 0)上，使其绕 z 轴旋转 90°(要注意的是左手定则)，得到沿 y 轴的新矢量(0, 1, 0)。

```
public class fvc_matrix_multiply_point : MonoBehaviour{
    void Start(){
        Matrix4x4 tmat = Matrix4 x 4.Translate(new Vector3(3, 0, 0));
        Vector3 new_point = tmat.MultiplyPoint(new Vector3(1, 1, 1));
        print(new_point);
        Matrix4x4 rmat = Matrix4 x 4.Rotate(Quaternion.Euler(0,0,90));
        Vector3 new_vector = rmat.MultiplyVector(new Vector3(1, 0, 0));
        print(new_vector);
    }
}
```

2.3　Quaternion 类

2.3.1　四元数

四元数是数学家 Hamilton 在 19 世纪提出的。虽然四元数并不代表现实世界中的任何事物，但在计算机图形学中有很重要的应用。在介绍四元数的概念之前，我们先复习一下数学中的复数，它可以表述为：

$$c = a + b \times i \tag{2-29}$$

其中，i 为虚数，c 则为复数，a 和 b 都是实数，a 是 c 的实部，b 是 c 的虚部。有关复数的运算法则在此不介绍，如果不熟悉可以参考相关数学书籍。

将复数拓展，引入超复数(hyper-complex number)的概念。超复数是一个有 1 个实部、3 个虚部的复数，表述如下：

$$q = q_0 + q_1 i + q_2 j + q_3 k \tag{2-30}$$

其中，i、j、k 是虚数，q 则为超复数，q_0、q_1、q_2、q_3 为实数，q_0 为 q 的实部，q_1、q_2、q_3 为 q 的虚部。可以将 i、j、k 理解为三维空间的向量，由它们构成三维空间的坐标基，即 i 表示三维坐标系的 x 轴方向，j 表示 y 轴方向，k 表示 z 轴方向。所以超复数可以看成是一个标量与矢量相加，表述为

$$q = q_0 + q_v \tag{2-31}$$

其中，$q_v = q_1 i + q_2 j + q_3 k$ 是三维空间的一个矢量。

四元数就是超复数。用一个向量来表示，可以表述为

$$q = (q_0, q_1, q_2, q_3) \tag{2-32}$$

也可以进一步表述为

$$q = (q_0, q_v) \tag{2-33}$$

q_v 是由四元数的虚部构成的一个向量，表述为

$$q_v = (q_1, q_2, q_3) \tag{2-34}$$

所以，可以理解为四元数是一个标量和一个三维向量构成的数。第一个元素是 q 的实部，后面三个是 q 的虚部。四元数满足一般复数的运算，比如加、减、乘、除等，限于篇幅在此不予以介绍，我们直接过渡到四元数在计算机图形中的应用，实现向量的旋转。为此，我们介绍四元数的三个概念：范数、单位四元数、共轭四元数。

(1) q 的范数为

$$|q| = \sqrt{q_0{}^2 + q_1{}^2 + q_2{}^2 + q_3{}^2} \tag{2-35}$$

(2) 范数等于 1 的四元数称为单位四元数。

(3) q 的共轭四元数为

$$q^* = (q_0 - q_1 - q_2 - q_3) \tag{2-36}$$

可以推导出

$$q \cdot q^* = q_0{}^2 + q_1{}^2 + q_2{}^2 + q_3{}^2$$

将一个要旋转的向量 $v(v_x, v_y, v_z)$ 表示为实部为零的四元数：

$$v = (0, v_x, v_y, v_z) \tag{2-37}$$

利用下面的公式将 v 顺时针旋转，得到 v′：

$$v' = q \cdot v \cdot q^* \tag{2-38}$$

q 是一个单位四元数：

$$q = \cos\frac{\theta}{2} + A\sin\frac{\theta}{2} \tag{2-39}$$

q^* 是 q 的共轭四元数。q 的含义为绕 A 方向的轴旋转 θ。所以公式(2-39)实现了将 v 绕 A 轴旋转角度 θ。

在实际编程中，我们需要将四元数实现的旋转转换为矩阵变换，所以一个四元数

(w, x, y, z)实现的旋转等价于下面的矩阵：

$$R = \begin{cases} 1-2y^2-2z^2 & 2xy-2wz & 2xz+2wy & 0 \\ 2xy+2wz & 1-2x^2-2z^2 & 2yz-2wx & 0 \\ 2xz-2wy & 2yz+2wx & 1-2x^2-2y^2 & 0 \\ 0 & 0 & 0 & 1 \end{cases} \qquad (2\text{-}40)$$

Quaternion 类是 Unity 系统中提供的四元数运算的 C# 类，主要用来处理虚拟场景中游戏对象的旋转。下面详细说明该类的各种成员及其含义。

2.3.2　构造函数

下面给出的 Quaternion 类的构造函数对四元数的标量部分 w 和矢量部分(x, y, z)进行初始化。

```
public Quaternion(float x, float y, float z, float w);
```

2.3.3　Quaternion 的性质

1. 实例性质

通过前面的介绍，我们知道一个四元数可以表述为一个标量和矢量的组合(w, x, y, z)。下面列出了 Quaternion 类的四个实例性质。

```
public float x;
public float y;
public float z;
public float w;
```

其中：

(1) w：四元数的标量部分。

(2) (x, y, z)：四元数的矢量部分。

通过上述四个实例性质，可以单独获取或设置四元数的这四个元素。同时，也可以利用运算符 "[]"，通过索引号获取这四个元素。比如，对于四元数 q，q[0]、q[1]、q[2]和 q[3]分别对应 q 的 x、y、z 和 w 元素。

此外，Quaternion 类还具有以下实例性质：

```
public Vector3 eulerAngles;
public Quaternion normalized;
```

其中：

(1) eulerAngles：表示四元数旋转所对应的欧拉角。

(2) Normalized：用来获取单位四元数。

在描述物体旋转时，利用欧拉角便于直观理解，但在 Unity 内部要将欧拉角转换为四

元数。在设置四元数的欧拉角实现旋转时，Unity 的旋转执行顺序是先绕 z 轴旋转，接着
是 x 轴，最后是 y 轴。在代码 fvc_quaternion_props 中，给 q 设置欧拉角，进行旋转的顺序
是先绕 z 旋转轴 45°，然后绕 x 轴旋转 150°，最后绕 y 轴旋转 35°。此外要注意，设置的
欧拉角和读取的欧拉角并不一致，见 fvc_quaternion_props 中的代码，所以要避免通过获取
的欧拉角来实现旋转。

```
public class fvc_quaternion_props : MonoBehaviour{
    void Start() {
        Quaternion q = new Quaternion(1,1,1,2);
        q.eulerAngles = new Vector3(150, 35, 45);
        Debug.Log(q.eulerAngles); //(30.0, 215.0, 225.0)
    }
}
```

2. 静态性质

Quaternion 类的静态性质如下：

```
public static Quaternion identity;
```

其中：

identity：产生一个单位四元数 q = (0, 0, 0, 1)。

2.3.4　Quaternion 的方法

1. 实例方法

下面的 Quaternion 类的实例函数可以通过直观的参数设定四元数。

```
public void Set(float newX, float newY, float newZ, float newW);
public void SetFromToRotation(Vector3 fromDirection, Vector3 toDirection);
public void SetLookRotation(Vector3 view, Vector3 up = Vector3.up);
public void ToAngleAxis(out float angle, out Vector3 axis);
```

其中：

(1) Set：用于设置四元数的四个元素(x, y, z, w)的值。

(2) SetFromToRotation：用于通过四元数创建一个从方向 from 到方向 to 的旋转量。

(3) SetLookRotation：用于通过参数 view 和 up 创建一个旋转量，并将结果设置到四
元数当中。将该四元数应用到 Transform 组件中可以将游戏对象的前进方向(forward 参数)
指向 view，游戏对象的 y 轴方向指向 up。

(4) ToAngleAxis()：用于获取四元数的旋转轴以及旋转角度，这个函数在实际开发时
非常有用。

2. 静态方法

下面给出的静态函数可以根据输入的直观参数创建四元数。

```
public static Quaternion Euler(float a, float b, float c);
public static Quaternion LookRotation(Vector3 forward, Vector3 upwards = Vector3.up);
public static Quaternion RotateTowards(Quaternion from, Quaternion to, float maxDegreesDelta);
```

其中：

(1) Euler：用于根据输入的参数值，先绕 z 轴旋转 c 角度，接着绕 x 轴旋转 a 角度，最后绕 y 轴旋转 b 角度，得到一个四元数。

(2) LookRotation：用于将游戏对象的前进方向转向 forward 方向，游戏对象的向上方向(本地 y 轴方向)指向 upwards，得到一个四元数。如果 forward 和 upwards 平行，则返回单位四元数。

(3) RotateTowards：用于创建一个从 from 到 to 的四元数，每调用一次，旋转最大角度 maxDegreeDelta，直到游戏对象的当前旋转量与 to 一致。

参见下面 fvc_quaternion_method 中的相关代码。Start 函数首先通过 LookRotation()函数获取指向 Vector3.right 方向的四元数 from，然后获取指向 Vector3.forward 方向的四元数 to，调用 RotateTowards()函数，将每次旋转的最大角度设为 $10°$，获取旋转一次之后的当前四元数 q，最后通过 Angle()函数获取 from 到 q 之间的角度 angle，结果为 9.999 815。

```
public class fvc_quaternion_method : MonoBehaviour{
    void Start(){
        Quaternion from = Quaternion.LookRotation(Vector3.right, Vector3.up);
        Quaternion to = Quaternion.LookRotation(Vector3.forward, Vector3.up);
        Quaternion q = Quaternion.RotateTowards(from, to, 10);
        float angle = Quaternion.Angle(from, q);
        print(angle);
    }
}
```

使用插值方法创建四元数：

```
public static Quaternion Lerp(Quaternion a, Quaternion b, float t);
public static Quaternion LerpUnclamped(Quaternion a, Quaternion b, float t);
public static Quaternion Slerp(Quaternion a, Quaternion b, float t);
public static Quaternion SlerpUnclamped(Quaternion a, Quaternion b, float t);
```

其中：

(1) Lerp：根据输入的两个四元数 a 和 b 进行线性插值，得到新的四元数。当 t = 0 时，返回 a；t = 1 时，返回 b。它比起球形插值 Slerp()要快，但效果要比 Slerp()函数差一些。

(2) LerpUnclamped：与 Lerp 函数一样，也是在两个四元数之间线性插值得到一个新的四元数，但前者的插值系数 t 不局限在[0, 1]之间，可以小于 0 为负值，也可以大于 1。

当 t < 0 或 t > 1 时，插值结果在[a, b]之外。

(3) Slerp：对输入的四元数 a 和 b 进行球形插值。参数 t 的含义与 Lerp 函数的一样。

(4) SlerpUnclamped：功能与 Slerp()一样，不同之处是前者对插值系数 t 没有限制，可以小于 0，也可以大于 1。

Quaternion 类的静态函数如下：

```
public static float Angle(Quaternion a, Quaternion b);

public static Quaternion AngleAxis(float angle, Vector3 axis);

public static float Dot(Quaternion a, Quaternion b);

public static Quaternion Inverse(Quaternion rotation);

public static Quaternion Normalize(Quaternion q);
```

其中：

(1) Angle：用于获取四元数 a 与 b 之间的角度。四元数在计算机图形中表示物体的朝向(通过 Transform 的 rotation 获取)，该函数通俗地理解为获取两个朝向的角度。

(2) AngleAxis：用于根据输入的 axis 和 angle 创建一个绕 axis 旋转 angle 角度的四元数。

(3) Dot 函数：计算两个四元数的点乘。

(4) Inverse 函数：获取四元数的逆，其实际意义是得到与输入的 rotation 相反的旋转量。

(5) Normalize 函数：获取输入四元数 q 的单位四元数。

3. 重载运算符

重载"*"和"=="运算符如下：

```
public static Quaternion operator *(Quaternion lhs, Quaternion rhs);

public static Vector3 operator *(Quaternion rotation, Vector3 point);

public static bool operator == (Quaternion lhs, Quaternion rhs);
```

其中：

(1) 第一个重载运算符"*"：用于实现四元数的相乘，四元数相乘的结果等于旋转的组合，即先旋转 lhs，再旋转 rhs。

(2) 第二个重载运算符"*"：用于将输入的点 point 按 rotation 进行旋转。

(3) 重载运算符"=="：用于判断两个运算符 lhs 和 rhs 是否相等。

参见下面的 fvc_quaternion_operator 代码，加深理解 Quaternion 类的运算符重载的含义。

```
public class fvc_quaternion_operator : MonoBehaviour{
    float rotateSpeed = 90;
    void Update(){
        float angle = rotateSpeed * Time.deltaTime;
        transform.rotation *= Quaternion.AngleAxis(angle, Vector3.up);
    }
}
```

2.4　Mathf 类

Mathf 提供了一系列的静态函数，实现了包括三角函数、指数和对数函数、插值函数、其他实用函数等常见的数学函数，也提供了专门用于游戏开发所需要的数学函数。

2.4.1　三角函数

常见的三角函数如下：

```
public static float Sin(float f); //正弦函数
public static float Cos(float f); //余弦函数
public static float Tan(float f); //正切函数
public static float Asin(float f); //反正弦函数
public static float Acos(float f); //反余弦函数
public static float Atan(float f); //反正切函数
public static float Atan2(float y, float x); //反正切函数
```

上述函数的使用较为简单，不做进一步的说明。下面的代码展示了 Atan 和 Atan2 的使用：

```
float x=0.5f;
float y=0.4f;
float radAngle=Mathf.Atan2(x,y);
randAngle=Mathf.Atan(y/x);
float degAngle=radAngle*Mathf.Rad2Deg;
```

Mathf 有若干个只读静态性质，方便代码开发中的直接调用：

```
public static float PI;
public static float Rad2Deg;
public static float Deg2Rad;
public static float Epsilon;
public static float Infinity;
public static float NegativeInfinity;
```

其中：

(1) Mathf.PI 是数学中的 π 值。

(2) Mathf.Rad2Deg 用于实现幅度到角度的转换。

(3) Mathf.Deg2Rad 用于实现角度到幅度的转换，示例代码如下所示：

```
float radius=5f;//半径
float perimeter=2.0f*Mathf.PI*radius;//圆的周长
float deg=0.5f*Mathf.PI*Mathf.Rad2Deg;//转成度
float rad=90.0f*Mathf.Deg2Rad;//转成幅度
```

Mathf.Infinity 和 Mathf.NegativeInfinity 表示正无穷和负无穷。Mathf.Epsilon 表示一个最小的浮点数，但与 0 不同，常用于比较两个浮点数，比如：

```
bool isEqual(float a, float b){
    if (a >= b - Mathf.Epsilon && a <= b + Mathf.Epsilon)
        return true;
    else
        return false;
}
```

2.4.2 指数函数和对数函数

常见的指数和对数函数如下：

```
public static float Pow(float f, float p);
public static float Exp(float p);
public static int ClosestPowerOfTwo(int value);
public static int NextPowerOfTwo(int value);
public static bool IsPowerOfTwo(int value);
public static float Log10(float f);
public static float Log(float f, float p);
```

其中：

(1) Pow()函数用于根据输入的 f 和 p 参数计算表达式 f^p 的值。

(2) Exp()函数用于根据输入的参数 p 计算 e^p 的值。

(3) ClosestPowerOfTwo()函数用于根据输入的 value 值获取最接近 value 的 2 次方，可大于或小于 value 值。比如，输入 3 函数返回 4，输入 19 函数返回 16。

(4) NextPowerOfTwo()函数用于根据输入的参数 value 计算最接近 value 的 2 次方，但必须大于或等于 value。比如，输入 7 函数返回 8，输入 256 函数返回 256。

(5) IsPowerOfTwo()函数用于判断输入的 value 值是否是 2 的次方，如果是返回 true，否则返回 false。比如，输入 16 返回 true，输入 18 则返回 false。

(6) Log10()函数用于根据输入的参数 f 计算以 10 为底的对数，即 $\lg(f)$。

(7) Log()函数用于以输入的参数 f 计算以参数 p 为底的对数，即 $\log_p(f)$。

2.4.3 插值函数

常见的插值函数如下：

```
public static float SmoothDamp(float current, float target, ref float currentVelocity,
                               float smoothTime,
                               float maxSpeed = Mathf.Infinity,
                               float deltaTime = Time.deltaTime);
public static float SmoothDampAngle(float current, float target, ref float currentVelocity,
                               float smoothTime,
                               float maxSpeed = Mathf.Infinity,
                               float deltaTime = Time.deltaTime);
```

SmoothDamp 和 SmoothDampAngle 函数与 Vector3 的同名静态函数功能及参数都一致，请参见 Vector3 类的内容。

2.4.4　其他实用函数

常见的其他实用函数如下：

```
public static float Repeat(float t,float length);
public static float PingPong(float t, float length);
public static float Lerp(float a, float b, float t);
public static float LerpUnclamped(float a, float b, float t);
```

其中：

(1) Repeat()：输入 t 如果小于 length，则函数返回 t，如果输入 t 大于 length，则从 t 当中减去 length 直到 t 小于 length，其功能和取余类似。比如运行下面的代码，输出的结果为 0, 1, 2, 0, 1, 2, 0, 1, 2，也就是说，Repeat(float t, float length)函数输出大于等于 0，小于 length 的数。

```
for(int t=0;t<8;t++)
{
    print(Mathf.Repeat(t,3));
}
```

(2) PingPong()：与 Repeat()类似，输出大于 0，小于 length 的数，但 PingPong()函数在 0 与 length 之间来回变化，比如运行下面的代码，输出的结果为 0, 1, 2, 1, 0, 1, 2, 1, 0。

```
for(int t=0;t<8;t++){
    print(Mathf.PingPong(t,3));
}
```

(3) Lerp 和 LerpUnclamped：与 Vector3 的同名静态函数功能和使用方法一致，请参见 Vector3 的内容。

2.5　Random 类

Random 类用于产生随机数。下面给出了该类的主要静态性质。

```
public static Vector2 insideUnitCircle;
public static Vector3 insideUnitSphere;
public static Vector3 onUnitSphere;
public static Quaternion rotation;
public static Quaternion rotationUniform;
public static float value;
```

其中：

(1) insideUnitCircle：在半径为 1、中心为(0, 0)的圆内产生一个随机点。

(2) insideUnitSphere：在半径为 1、中心为(0, 0, 0)的球内产生一个随机点。

(3) onUnitSphere：在半径为 1、中心为(0, 0, 0)的球表面获取一个随机点。

(4) rotation：产生随机旋转的一个四元数，该四元数的四个分量在[−1.0, 1.0]之间随机取值。

(5) rotationUniform：产生均匀分布的随机旋转。相比 rotation，该方法速度较慢。value 在[0.0, 1.0]之间产生一个随机数。

Random 类还提供了如下 3 个静态方法，用于快速产生随机数。

```
public static float Range(float a, float b);
public static int Range(int i,int j);
public static Color ColorHSV(float hueMin, float hueMax, float saturationMin,
        float saturationMax, float valueMin, float valueMax, float alphaMin, float alphaMax);
```

其中：

(1) Range()：用于根据输入的 float 型数据产生一个在[a, b]之间的浮点随机数，根据输入的 int 型数据产生一个在[i, j]之间的整型随机数。

(2) ColorHSV()：利用输入的参数产生一个 HSV 模式的颜色值。InitState()根据输入的参数设置随机数的产生器的种子。

2.6　Rect 类

水平放置的长方形区域(为表述方便，简称长方形)是游戏设计中广泛使用的一种二维空间，常用于 GUI 设计、屏幕窗口描述等。Unity 的屏幕坐标系将长方形的左下角作为坐标的原点，向右为 x 轴方向，向上为 y 轴方向，如图 2-17(a)所示。在 GUI 系统中，屏幕左上角作为坐标原点，向右为 x 轴方向，向下为 y 轴方向，如图 2-17(b)所示。

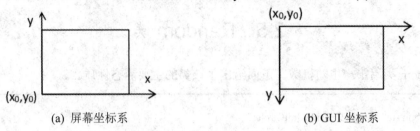

(a) 屏幕坐标系　　　　　　　　　　　　　　(b) GUI 坐标系

图 2-17　二维坐标空间

Unity 系统中用 Rect 类描述图 2-17 所示的二维空间。下面我们详细给出该类的核心成员及其使用方法。

2.6.1　构造函数

Rect 类的构造函数如下。

```
public Rect(float x, float y, float width, float height);
```

构造函数根据输入的 x 和 y 确定长方形的坐标原点位置，即图 2-17 中的 x_0 和 y_0，根据输入的 width 和 height 确定长方形宽度(水平方向上)和高度(竖直方向上)。

2.6.2　静态方法

下面是关于 Rect 类的静态函数。

```
public static Rect MinMaxRect(float xmin, float ymin, float xmax, float ymax);
public static Vector2 NormalizedToPoint(Rect rectangle,
                                Vector2 normalizedRectCoordinates);
public static Vector2 PointToNormalized(Rect rectangle, Vector2 point);
```

其中：

(1) MinMaxRect()：根据输入的最小和最大坐标值创建一个 Rect 实例。

(2) NormalizedToPoint()：根据输入的规范化空间点，转换为实际坐标的空间点。

(3) PointToNormalized()：将实际空间点换算为 Rect 的规范化空间点。

参见下面 fvc_rect_vector 中的代码，运行并查看控制台的输出结果如图 2-18 所示。

```
public class fvc_rect_vector : MonoBehaviour{
    void Start(){
        Rect rect = Rect.MinMaxRect(1, 1, 4, 4);
        Vector2 v1 = Rect.NormalizedToPoint(rect, new Vector2(1, 1));
        print(v1);
        Vector2 v2 = Rect.NormalizedToPoint(rect, new Vector2(0.5f, 0.5f));
        print(v2);
```

```
            Vector2 v3 = Rect.PointToNormalized(rect, new Vector2(4, 4));
            print(v3);
        }
    }
```

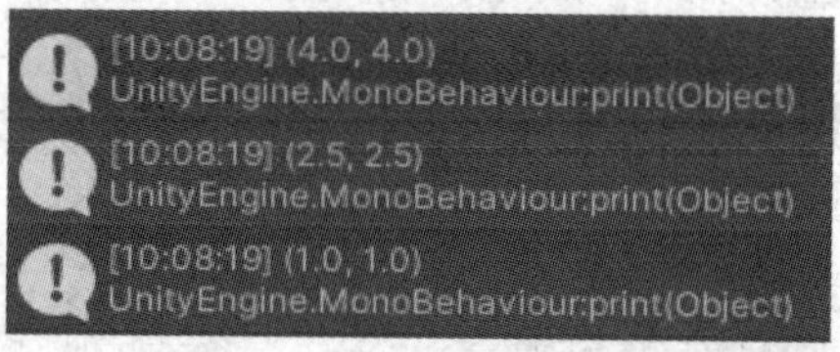

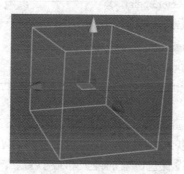

图 2-18　fvc_rect_vector 的输出结果

2.7　Bounds 类

Bounds 类描述一个轴对齐的包围盒(Axis-Aligned Bounding Box, AABB)，不会相对坐标轴旋转，由一个中心点 center 和范围 extents 定义包围盒的位置和尺寸，如图 2-19 所示。Bounds 类主要用于游戏对象的碰撞检测。下面介绍该类的主要函数和性质。

public Bounds(Vector3 center,Vector3 size);

构造函数的第一个参数 center 表示包围盒所在的位置，第二个参数表示包围盒的尺寸。

图 2-19　轴对齐的包围盒 AABB

下面是 Bound 类的实例函数。

public bool Contains(Vector3 point);

public bool Intersects(Bounds bounds);

public bool IntersectRay(Ray ray);

其中：

(1) Contains()：用于判断包围盒是否包含空间点 point。

(2) Intersects()：用于判断包围盒是否与另外的包围盒 bounds 交叉重叠。

(3) IntersectRay()：用于判断包围盒是否与射线 ray 有交叉。

下面的 fvc_bounds 代码展示了上述函数的使用方法。在 Start 函数中创建了两个包围盒，一个在(0, 0, 0)的位置，另一个在(1, 1, 1)的位置。然后调用 Contains()函数和 Intersects()函数分别判断第一个包围盒是否包含了点(0.5, 1.0, 1.0)，是否与第二个包围盒相交叉。

```
public class fvc_bounds : MonoBehaviour {
  void Start () {
    Bounds bds1 = new Bounds(new Vector3(0, 0, 0), new Vector3(1, 2, 2));
    Bounds bds2 = new Bounds(new Vector3(1, 1, 1), new Vector3(2, 1, 1));

    if(bds1.Contains(new Vector3(0.5f, 1,1))) {
        print("contain point (0.5f,1,1)");
    }
    if(bds1.Intersects(bds2)) {
        print("bds1 intersects bds2");
    }
  }
}
```

其他实用性的实例函数如下：

```
public Vector3 ClosestPoint(Vector3 point);
public void Encapsulate(Vector3 point);
public void SetMinMax(Vector3 min, Vector3 max);
public float SqrDistance(Vector3 point);
```

其中：

(1) ClosestPoint()：用于查找与 point 最近的包围盒上的点。

(2) Encapsulate()：用于扩充包围盒，使得包围盒包含了指定的 point。

(3) SetMinMax()：用于设置包围盒的最大和最小的点。

(4) SqrDistance()：用于获取点 point 到包围盒最近的距离的平方。

下面给出了 Bound 类的性质。

```
public Vector3 center;
public Vector3 size;
public Vector3 max;
public Vector3 min;
```

其中：

(1) center：表示包围盒中心的位置，如图 2-20 中局部坐标系的原点位置所示。

(2) size：表示包围盒的大小。

(3) max：表示包围盒右上的顶点。

(4) min：表示包围盒左下的顶点。

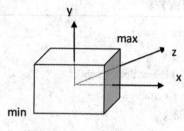

图 2-20　包围盒参数示意

2.8　AnimationCurve 类

AnimationCurve 类描绘一条通过若干关键点的曲线，称为动画曲线，广泛用于运动控制中。下面给出 AnimationCurve 类的构造函数。

```
public AnimationCurve();
public AnimationCurve(params Keyframe[] keys);
```

其中：

(1) 第一个缺省构造函数：用来新建动画曲线，然后给定该动画曲线的关键帧。

(2) 第二个构造函数：直接给定动画曲线的关键帧。

上述两个构造函数的使用方法如下：

```
AnimationCurve curve0=new AnimationCurve();
AnimationCurve      curve1=new      AnimationCurve(new      Keyframe(0,0),new
Keyframe(1,1));
```

AnimationCurve 类的实例性质如下：

```
public Keyframe[] keys;
public int length;
public WrapMode postWrapMode;
public WrapMode preWrapMode;
```

其中：

(1) keys：动画曲线的关键帧。

(2) length：关键帧数目。

(3) preWrapMode 和 postWrapMode：分别指定第一帧开始前和最后一帧之后动画的

行为，提供的五种行为模式分别是 Once、Loop、Pingpong、Default 和 ClampForever。Once 表示帧结束之后动画自动停止，动画不再从头播放。Loop 表示帧结束之后接着从头开始。Pingpong 表示动画在开始帧和结束帧之间往复播放。Default 默认为 Once 模式。ClampForever 表示播放到最后一帧时总是播放最后一帧而不停止。

AnimationCurve 类的实例函数如下：

```
public int AddKey(float time, float value);

public float Evaluate(float time);

public void SmoothTangents(int index, float weight);

public int MoveKey(int index, Keyframe key);

public void RemoveKey(int index);
```

其中：

(1) AddKey：用于在指定时间点 time 位置添加关键帧到动画曲线，返回关键帧的序号。

(2) Evaluate：用于计算指定时间点 time 动画曲线的值。

(3) SmoothTangents：用于平滑指定关键帧。weight 为平滑权重。

(4) MoveKey：用于移除指定的关键帧 index，插入关键帧 key，返回新插入的关键帧的索引号。

(5) RemoveKey：用于移除指定的关键帧 index。

下面的 fvc_animation_curve 代码展示了利用关键帧 Keyframe 和 AnimationCurve 控制一个物体绕圆周运动。

```
public class fvc_animation_curve : MonoBehaviour {
    private AnimationCurve curve_x;
    private AnimationCurve curve_z;
    private Keyframe[] ks_x;
    private Keyframe[] ks_z;
    private const int count=50;
    void Start () {
        ks_x = new Keyframe[count];
        ks_z = new Keyframe[count];
        for(int i=0;i<count;i++) {
            ks_x[i] = new Keyframe(i, 2*Mathf.Sin(i));
            ks_z[i] = new Keyframe(i, 2*Mathf.Cos(i));
        }
        curve_x = new AnimationCurve(ks_x);
        curve_z = new AnimationCurve(ks_z);
    }
    void Update () {
        this.transform.position = new Vector3(curve_x.Evaluate(Time.time), 0,
```

```
                    curve_z.Evaluate(Time.time));
        }
    }
```

2.9 MinMaxCurve 类

MinMaxCurve 是定义在 ParticleSystem 中的一个类。MinMaxCurve 类用于描述最小最大曲线(min-max curve)，可以根据输入的最小值、最大值和曲线模式产生一个随机数，常用于粒子系统的开发。下面给出了 MinMaxCurve 的构造函数。

```
public MinMaxCurve(float constant);

public MinMaxCurve(float multiplier, AnimationCurve curve);

publicMinMaxCurve(float multiplier, AnimationCurve min, AnimationCurve max);

publicMinMaxCurve(float min, float max);
```

其中：

(1) 第一个构造函数根据 Constant 模式产生最小最大曲线，即曲线的值恒定。

(2) 第二个构造函数根据 Curve 模式，即输入的动画曲线 curve 和倍数 multiplier 产生最小最大曲线。

(3) 第三个构造函数根据 TwoCurves 模式产生最小最大曲线。

(4) 第四个构造函数根据 TwoConstants 模式产生最小最大曲线。

MinMaxCurve 类的实例性质如下：

```
public ParticleSystemCurveMode mode;

public float constant;

public float constantMax;

public float constantMin;

public AnimationCurve curveMax;

public AnimationCurve curveMin;

public float curveMultiplier;

public AnimationCurve curve;
```

其中：

(1) mode：表示最小最大曲线的 4 种模式，包括 Constant、TwoConstants、Curve 和 TwoCurves。在 Constant 模式下产生的数不变，TwoConstants 模式下产生在两个常量之间的随机数，Curve 模式下根据输入的动画曲线产生单一最小最大曲线，TwoCurves 模式下由随机数产生在两条输入的动画曲线之间的最小最大曲线。

(2) constant：最小最大曲线的常量值，在 Constant 模式下起作用。

(3) constantMin 和 constantMax：分别是曲线的常量下限和常量上限，在 TwoConstants 模式下起作用。

(4) curveMin 和 curveMax：分别是曲线的下限和上限，在 TwoCurves 模式下起作用。

(5) curveMultiplier：表示曲线的乘数，用于定义曲线的变化范围。

(6) curve：最小最大曲线的变化曲线。

MinMaxCurve 类的核心实例函数如下：

```
public float Evaluate(float time);
public float Evaluate(float time, float lerpFactor);
```

其中：

Evaluate()：用于获取最小最大曲线的值。形参 time 是归一化时间，在 0~1 之间取值。当曲线模式设定为 Constant 或 TwoConstants 时，参数 time 不起作用。形参 lerpFactor 为插值系数，在 0~1 之间取值。当曲线模式为 TwoCurves 或 TwoConstants 时，该形参起作用。

运行下面的 fvc_min_max_curve 代码，输出结果为 0.5、0.75、1。可以看到，这些值是最小最大曲线由 min_curve 和 max_curve 按 0.5 进行插值进行得到的。当指定 curve 的 curveMultiplier 为 x 时，输出的值为默认的 2*x 倍。比如，curveMultiplier 为 3，则会输出 0.5*6 = 3、0.75*6 = 4.5、1*6 = 6。最小最大曲线的 curveMultiplier 在非 TwoCurves 模式下不起作用。

```csharp
public class fvc_min_max_curve : MonoBehaviour {
  void Start () {
    Keyframe[] max_frames = new Keyframe[] { new Keyframe(0, 1),
                            new Keyframe(0.4f, 2)};
    Keyframe[] min_frames = new Keyframe[] { new Keyframe(0, 0),
                            new Keyframe(0.4f, 1)};
    AnimationCurve max_curve = new AnimationCurve(max_frames);
    AnimationCurve min_curve = new AnimationCurve(min_frames);
    ParticleSystem.MinMaxCurve curve = new ParticleSystem.MinMaxCurve(0.5f,
                                min_curve,max_curve);
    curve.mode = ParticleSystemCurveMode.TwoCurves;
    float[] times = new float[] { 0, 0.2f,0.4f };
    foreach(float t in times){
        print(curve.Evaluate(t));
    }
  }
}
```

下面给出最小最大曲线的 TwoConstants 模式下的情况。输出的值与时间无关，而是由 min、max 和插值系数根据式 min*(1-lerp) + max*lerp 确定。

```
public class fvc_min_max_constant : MonoBehaviour {
    void Start()
    {
        float min = 4;
        float max = 5;
        float lerp = 0.5f;
        ParticleSystem.MinMaxCurve curve = new ParticleSystem.MinMaxCurve(min,
max);

        curve.mode = ParticleSystemCurveMode.TwoConstants;
        float[] times = new float[] { 0, 0.2f, 0.4f };
        foreach (float t in times){
            print(curve.Evaluate(t,lerp));
        }
    }
}
```

2.10 MinMaxGradient 类

在讲解 MinMaxGradient 之前，先介绍 Gradient 类。Gradient 根据输入的颜色数组、alpha
值数组以及计算模式，获取不同时间(0～1 之间取值)的颜色值，其使用方法见下面
fvc_gradient 中的代码：

```
public class fvc_gradient : MonoBehaviour {
    void Start () {
        GradientColorKey color1 = new GradientColorKey(Color.red, 0);
        GradientColorKey color2 = new GradientColorKey(Color.blue, 1);
        GradientAlphaKey alpha1 = new GradientAlphaKey(1, 0);
        GradientAlphaKey alpha2 = new GradientAlphaKey(0.5f, 1);

        Gradient gradient = new Gradient();
        gradient.SetKeys(new GradientColorKey[] { color1, color2 },
                        new GradientAlphaKey[] { alpha1, alpha2 });
        Color result = gradient.Evaluate(0.3f);
        print(result);
    }
}
```

上面 fvc_gradient 中的代码，利用 Evaluate()函数计算 time=0.3 时的颜色，结果为 RGBA(0.7, 0.0, 0.3, 0.85)。gradient 的默认模式为 GradientMode.Blend，此时利用两个颜色进行插值计算得到需要的颜色。当 mode 设定为 GradientMode.Fixed 时，输出的颜色为超过 Evaluate()函数中输入时间的关键帧颜色，比如上面代码中输入时间为 0.3，超过 0.3 的时间为 1，所以此时输出颜色为 RGBA(0, 0, 1, 0.5)。

MinMaxGradient 与 MinMaxCurve 一样，也是定义在 ParticleSystem 中的一个类，其构造函数如下：

```
public ParticleSystem.MinMaxGradient(Color color);
public ParticleSystem.MinMaxGradient(Gradient gradient);
public ParticleSystem.MinMaxGradient(Color min, Color max);
public ParticleSystem.MinMaxGradient(Gradient min, Gradient max);
```

构造 MinMaxGradient()函数根据输入的参数按照系统指定的模式计算不同时间(0~1 之间取值)颜色值。总共有以下 5 种模式：

(1) Color：使用单一颜色值。

(2) Gradient：使用一个颜色梯度值计算颜色。

(3) TwoColors：使用两种颜色之间的随机值。

(4) TwoGradients：使用两种颜色梯度值的随机值。

(5) RandomColor：定义一个颜色列表，随机从列表中抽取。

利用第 1 个和第 2 个构造函数时，默认使用的模式分别为 Color 和 Gradient。

下面给出的是 MinMaxGradient 类的两个实例函数。

```
public Color Evaluate(float time);
public Color Evaluate(float time, float lerpFactor);
```

其中：

(1) 第一个 Evaluate()：用来计算某个时间 time 的颜色值。

(2) 第二个 Evaluate：根据输入的插值系数 lerpFactor，计算指定时间 time 的两个颜色的混合值。该函数只有在 TwoColors 和 TwoGradients 模式下才起作用。

下面的 fvc_min_max_gradient 代码展示了 MinMaxGradient 在单一颜色和单一颜色梯度时的计算。

```
public class fvc_min_max_gradient : MonoBehaviour {
 void Start () {
     ParticleSystem.MinMaxGradient mm_gradient_color =
                         new ParticleSystem.MinMaxGradient(Color.red);
     GradientColorKey color1 = new GradientColorKey(Color.red, 0);
     GradientColorKey color2 = new GradientColorKey(Color.blue, 1);
     GradientAlphaKey alpha1 = new GradientAlphaKey(1, 0);
```

```
        GradientAlphaKey alpha2 = new GradientAlphaKey(0.5f, 1);
        Gradient gradient = new Gradient();
        gradient.SetKeys(new GradientColorKey[] { color1, color2 },
                        new GradientAlphaKey[] { alpha1, alpha2 });
        ParticleSystem.MinMaxGradient mm_gradient_gradient =
                            new ParticleSystem.MinMaxGradient(gradient);

        Color result1 = mm_gradient_color.Evaluate(0.3f);
        Color result2 = mm_gradient_gradient.Evaluate(0.3f);
        print(result1);
        print(result2);
    }
}
```

运行结果为 result1 = RGBA(1, 0, 0, 1)，result2 = RGBA(0.7, 0, 0.3, 0.85)。

2.11 Time 类

游戏状态、游戏角色运动的更新与时间密切相关。Unity 系统中有一个时间类 Time，是非常重要的基本模块，通过该类的静态性质我们可以获取游戏中与时间相关的参数。Time 主要在 MonoBehaviour 类中使用，下面逐一介绍 Time 中的这些静态性质。

```
public static float time;
public static float fixedTime;
public static float deltaTime;
public static float fixedDeltaTime;
public static float timeScale;
```

其中：

(1) time：表示获取某一帧的开始时间，该时间是只读的，单位为 s，起点为游戏程序启动的时间。但如果 Unity 编辑器暂停了，该值不更新。

(2) fixedTime：表示获取最近一次调用 FixedUpdate()函数的时间，与 time 一样的单位和时间起点。

(3) deltaTime：表示获取当前帧与上一帧之间的时间间隔(单位为 s)，如果在 FixedUpdate()函数中调用，则得到与 fixedDeltaTime 一样的值。

(4) fixedDeltaTime：表示获取调用 FixedUpdate()函数的时间间隔，以 s 为单位，可以在 Project Settings 面板进行设置，如图 2-21 所示。

(5) timeScale：表示时间缩放系数，是一个非负的值。当其等于 1 的时候，通过 Time 获取的时间与真实时间一致，如果小于 1 则表示比真实时间慢，大于 1 表示比真实时间过

得快。如果等于 0，则表示系统暂停。其值也可以在 Project Settings 处进行设置，如图 2-21
所示。

图 2-21　Time 设置窗口

2.12　Debug 类

Unity 提供的 Debug 类用于游戏开发过程中代码的调试。该类的使用非常方便，调用
所需的静态函数即可。主要的静态函数如下：

```
public static void Log(object message);
public static void Log(object message, Object context);
```

其中：

（1）第一个 Log：在控制台输出指定信息。

（2）第二个 Log：也是在控制台输出指定信息。但通过 context 参数可以控制输出的
message 是针对哪个游戏对象的。当选中控制台中的输出信息时，编辑器上的分层图中该
游戏对象就会被高亮显示。将下面的 fvc_log 代码添加到如图 2-22 所示的游戏对象 Sphere
上，运行程序可以发现该游戏对象高亮显示。

```
public class fvc_log : MonoBehaviour {
    void Start() {
        Debug.Log("Hello: " + gameObject.name);
        Debug.Log("Hello", gameObject);
    }
}
```

下面列出的是 Debug 类的两个静态函数。

```
public static void DrawLine(Vector3 start, Vector3 end, Color color = Color.white,
                    float duration = 0.0f, bool depthTest = true);
public static void DrawRay(Vector3 start, Vector3 dir, Color color = Color.white,
                    float duration = 0.0f, bool depthTest = true);
```

图 2-22　高亮显示选中的输出结果

其中：

(1) DrawLine()：用于在指定的起止点画一条线段。

(2) DrawRay()：用于在指定的起始点和指定的方向上画一条射线。

两个函数中的 duration 参数表示显示直线的持续时间，depthTest 参数表示直线是否被物体遮挡。下面的 fvc_draw_line 代码展示了这两个函数的使用方法。注意，要切换到编辑器中的 Scene 窗口下观察，才能看到所画的线。

```
public class fvc_draw_line : MonoBehaviour {
    void Start() {
        Debug.DrawLine(transform.position,Vector3.up*4,
                    Color.red, 60, false);
    }
}
```

习　题

2.1　利用 Vector3 类的实例函数，通过编程演示如何判断两个矢量是否相等。

2.2　利用 Vector3 类，编程计算 A 矢量(3, 5, 8)与 B 矢量(2, 3, 1)之间的点乘和叉乘，并在 Unity 编辑器的控制台输出计算结果。

2.3　利用 Vector3 提供的相关函数计算矢量 A(1, 0, 0)和矢量 B(0.8, 2.0, 0)之间的夹角。

2.4　利用 Vector3 提供的相关函数计算点 A(2.0, 3.0, 1.0)到点 B(−3, −2, −3)之间的距离。

2.5　在表述和计算物体的变换时为何要用齐次坐标？

2.6　利用矩阵类 Matrix4 × 4 的静态函数创建一个沿 y 轴方向平移 3 个单位的矩阵，并在控制台输出该矩阵。

2.7　如何利用矩阵 Matrix4 × 4 方法将一个空间点移动到指定位置？

2.8　为什么要使用四元数来表示旋转？

2.9　利用四元数类 Quaternion 的静态创建一个绕 x 轴旋转 50°角的四元数实例，并该四元数实例应用到正方体游戏对象的 transform 组件，实现正方体游戏对象的旋转。

2.10　利用 Random 类产生 10 个[0, 1]之间的随机数，并将在控制台上输出。

2.11　如何利用 Debug 类画线进行程序调试？

第3章 变 换 组 件

游戏对象的变换(Transform)组件是 Unity 游戏对象都必须有的一个组件,用来实现游戏对象的平移、旋转和缩放,以及其他方面的管理,比如子节点或父节点的添加或查询。本章主要介绍 Transform 类的主要成员(包括实例性质、实例方法和静态方法)的作用和使用方法。本章首先简单介绍 Transform 组件及其在检视图面板上的参数含义,然后详细介绍 Transform 类的成员及其编程。学习本章之后,读者可以通过 Transform 组件利用 Unity 编辑器界面或编程的方法实现虚拟场景的设计以及游戏对象位置或姿态的动态控制。

3.1 变换组件简介

所有游戏对象都自带一个变换组件,用来处理游戏对象的位置变换、旋转变换和缩放变换。在检视图中可以看到每个游戏对象的变换组件的参数设置面板,如图 3-1 所示。通过该面板我们可以手工输入数字以指定该游戏对象在场景中的位置和朝向。Position(X, Y, Z)表示游戏对象的世界坐标。Rotation(X, Y, Z)为用欧拉角表示的旋转量,其中 X、Y 和 Z 的输入值分别表示绕 x 轴、y 轴和 z 轴的旋转角度,正值表示顺时针旋转(遵循左手定则),负值表示逆时针旋转。Scale(X, Y, Z)表示缩放量,在 X 中输入大于 1 的值,表示在 x 轴上放大物体,若输入大于 0 小于 1 的值,表示在 x 轴上缩小物体。

▼ J **Transform**		
Position	X 0	Y 1	Z -10
Rotation	X 0	Y 0	Z 0
Scale	X 1	Y 1	Z 1

图 3-1 游戏对象的变换组件的参数设置面板

图 3-2 显示了在场景中导入一个球体游戏对象及其变换组件的参数面板。将 Scale 中的 Y 参数改成 0.2,则变成图 3-3 所示的结果,游戏对象变为铁饼形状。

▼ ⚛ **Transform**			❓ ╪ ⋮
Position	X 0	Y 0	Z 0
Rotation	X 0	Y 0	Z 0
Scale	X 1	Y 1	Z 1

图 3-2 球体游戏对象及其变换组件的参数面板

▼ ⚛ **Transform**			❓ ╪ ⋮
Position	X 0	Y 0	Z 0
Rotation	X 0	Y 0	Z 0
Scale	X 1	Y 0.2	Z 1

图 3-3 铁饼形状游戏对象及其 Transform 组件的参数面板

3.2　Transform 类

与变换组件对应的是 C#类 Transform，用于游戏对象的变换编程。在第 2 章中我们介绍 Unity 游戏引擎时已经知道，MonoBehaviour 类有一个公有性质 Transform，这就是代码组件所关联的游戏对象的变换组件。接下来我们从三个方面介绍 Transform 类。

3.2.1　实例性质

游戏对象的缩放变换主要通过 Transform 组件的实例性质实现。

```
public Vector3 localScale;
public Vector3 lossyScale;
```

其中：

(1) localScale：用于获取和设置游戏对象相对于父节点的缩放量。

(2) lossyScale：用于获取该组件在世界坐标系下的缩放量只读。

要注意，子节点的 Transform 组件是受父节点的 Transform 组件控制的。假如子对象有一个直接父对象，父对象位置为(X_0, Y_0, Z_0)，其缩放量为 localScale，子对象的局部位置为(x, y, z)，则子对象在世界坐标下的位置为

$$(X, Y, Z) = (x, y, z) \times localScale + (X_0, Y_0, Z_0) \tag{3-1}$$

如果父节点的缩放量 localScale 不是单位矢量，则子节点会发生形变。

下面的 fvc_trans_scale 代码演示了缩放量 localScale 的基本使用方法。在 Start 函数中先创建一个球体，并将球体放置在$(0, 0, 0)$位置。设定缩放的改变量 scaleChange = (-0.01, -0.01, -0.01)，位置的改变量 posChange = (0, -0.005, 0)。在 Update 函数中利用 scaleChange 和 posChange 动态改变球的大小和位置，开始球体缩小并下降，当球体的缩放量的 y 分量小于 0.1 时，球体开始上升并进行放大，当缩放量的 y 分量大于 1 时，下降并进行缩小，如此反复运动。

```csharp
public class fvc_trans_scale: MonoBehaviour{
    private GameObject sphere;
    private Vector3 scaleChange, posChange;
    void Awake(){
        sphere = GameObject.CreatePrimitive(PrimitiveType.Sphere);
        sphere.transform.position = new Vector3(0, 0, 0);
        scaleChange = new Vector3(-0.01f, -0.01f, -0.01f);
        posChange = new Vector3(0.0f, -0.05f, 0.0f);
    }
    void Update() {
        sphere.transform.localScale += scaleChange;
        sphere.transform.position += posChange;
```

```
        if (sphere.transform.localScale.y < 0.1f ||
            sphere.transform.localScale.y > 1.0f){
            scaleChange = -scaleChange;
            posChange = -posChange;
        }
    }
}
```

Transform 类关于位置的实例性质如下：

```
public Vector3 localPosition;
public Vector3 position;
```

其中：

(1) localPosition：表示游戏对象相对于其父节点的位置，即局部坐标系下的位置。

(2) position：表示游戏对象的世界坐标。

利用上面给出的这两个性质可以设定和读取游戏对象在场景中的位置，请参阅下面 fvc_trans_pos 类。在 Start 函数中，首先将游戏对象放置在(0, 0, 0)的位置。然后在场景中创建一个名为"parent"的游戏对象，并将该游戏对象放置在(2, 0, 0)的位置。最后将代码关联的游戏对象设置为 parent 游戏对象的子对象。

```
public class fvc_trans_pos : MonoBehaviour{
    void Start(){
        this.transform.position = new Vector3(0, 0, 0);
        print(this.transform.localPosition);
        GameObject parent = new GameObject("parent");
        parent.transform.position = new Vector3(2,0,0);
        this.transform.SetParent(parent.transform);
        print(this.transform.localPosition);
    }
}
```

在缩放因子为 1 的时候，子对象的世界坐标位置(X, Y, Z)与其直接父对象的位置(X_0, Y_0, Z_0)有如下关系：

$$(X, Y, Z) = (x, y, z) + (X_0, Y_0, Z_0) \tag{3-2}$$

式中：(x, y, z)为子对象的本地坐标位置。也就是说，如果游戏对象没有父对象，其本地坐标与世界坐标是一致的。

Transform 组件有两个实例性质与旋转有关。

```
public Quaternion localRotation;
public Quaternion rotation;
```

其中:

(1) localRotation: 表示 Transform 组件相对于父节点的旋转量, 所以改变 localRotation 就可以实现在父节点坐标系下的旋转。

(2) rotation: 表示世界坐标系下 Transform 的旋转量。改变游戏对象的 rotation 可以实现游戏对象在世界坐标系的旋转。

Quaternion 是 Unity 中用于表示四元数的 C#类, 用来表示旋转量。有关 Quaternion 类的详细知识, 请参见第 2 章。

一般情况下, 可以利用 Quaternion 类的静态函数 Euler()得到一个绕指定轴旋转的四元数, 将该四元数赋值给 localRotation 或 rotation 以达到旋转游戏对象的目的。在场景中创建如图 3-4 所示的两个游戏对象, 并将下方立方体设置为上方立方体的子对象。将下面的 fvc_trans_rot 组件添加到下立方体对象上。运行图 3-4 的场景, 查看运行结果。可以看到, 开始(b_space=false)时, 下方立方体正对上方立方体旋转, 这是通过改变 Transform 组件的 localRotation 实现的。当按下一次 Space 时, b_space=true, 下方立方体绕着竖直方向的轴旋转, 即绕着世界坐标系的 y 轴旋转, 这是通过改变 Transform 组件的 rotation 实现的。

图 3-4　测试 fvc_trans_rot 组件的游戏对象

```csharp
public class fvc_trans_rot : MonoBehaviour{
    public float speed = 20f;
    public float angle = 0;
    public bool b_space = false;
    void Update(){
        if(Input.GetKeyDown(KeyCode.Space)){
            b_space = !b_space;
        }
        angle += speed * Time.deltaTime;
        if(b_space){
            transform.rotation = Quaternion.Euler(0,angle , 0);
        }
        else{
            transform.localRotation = Quaternion.Euler(0, angle, 0);
        }
    }
}
```

也可以直接获取和设置 transform 的欧拉角。

```
public Vector3 eulerAngles;
public Vector3 localEulerAngles;
```

其中：

(1) eulerAngles：表示游戏对象在世界坐标系下的欧拉角朝向。

(2) localEulerAngles：表示游戏对象在父对象坐标系下的欧拉角朝向。

用欧拉角表示的旋转是先绕 z 轴，再绕 x 轴，最后绕 y 轴所得到的结果。请读者利用 Transform 的这两个性质，修改 fvc_trans_rot 中的代码(用下面的代码取代 fvc_trans_rot 条件语句代码)，达到相同的运行结果。

```
transform.eulerAngles = new Vector3(0, angle, 0);
transform.localEulerAngles = new Vector3(0, angle, 0);
```

下面给出的 Transform 的两个矩阵用于本地坐标系与世界坐标系之间的坐标转换。

```
public Matrix4x4 localToWorldMatrix;
public Matrix4x4 worldToLocalMatrix;
```

其中：

(1) localToWorldMatrix：与一个本地坐标系下的点相乘，将该点转换为世界坐标系下的点。在实际开发中，可以利用 Transform 的实例函数 TransformPoint()实现相同的效果。

(2) worldToLocalMatrix：与一个世界坐标系下的点相乘，将该点转换为本地坐标系下的点。在实际开发中，可以用 Transform 的实例函数 InverseTransformPoint()实现相同的效果。

Transform 类还具有如下实例性质：

```
public Transform root;
public Transform parent;
public int childCount;
```

其中：

(1) root：用于获取游戏对象最上层的父对象的变换组件。如果该游戏对象没有父对象，即其本身就是最顶层的，则返回本身的变换组件。

(2) parent：用于获取和设置游戏对象的父对象。

(3) childCount：用于获取游戏对象的所有子对象的数目(不包括自身)。

请读者将 fvc_trans_pos 中的 SetParent()函数改成 Transform 的 parent 性质，运行代码并查看运行结果。

下面的实例性质指明游戏对象在世界坐标系下的三个主要方向。

```
public Vector3 forward;
public Vector3 up;
public Vector3 right;
```

其中：

(1) forward：表示在世界坐标系下游戏对象的前进方向。

(2) up：表示在世界坐标系下游戏对象向上。

(3) right：表示在世界坐标系下游戏对象向右。

在游戏对象的本地坐标系下，forward = (0, 0, 1)，up = (0, 1, 0)，right = (1, 0, 0)。请读者将下面的 fvc_trans_fur 组件添加到一个倾斜放置的立方体游戏对象上，运行并测试结果。

```
public class fvc_trans_fur : MonoBehaviour{
    void Start(){
        print(transform.forward);
        print(transform.right);
        print(transform.up);
        print(transform.InverseTransformPoint(transform.forward));
        print(transform.InverseTransformPoint(transform.right));
        print(transform.InverseTransformPoint(transform.up));
    }
}
```

上面的代码调用了 Transform 的实例函数 InverseTransformPoint()，将 Transform 的 forward、right、up 转换到了本地坐标系下。

3.2.2　实例函数

有多种途径可以改变游戏对象的位置，其中最基本的途径就是使用 Transform 组件的 Translate 实例方法。该方法的函数原型如下：

```
public void Translate(Vector3 translation,Space relativeTo=Space.Self);
public void Translate(float x,float y,float z, Space relativeTo=Space.Self);
```

函数形参 relativeTo 可输入 Space.Self 或 Space.World。前者表示的位置移动是相对于游戏对象本地坐标系的，后者表示的位置移动是相对于世界坐标系的。图 3-5 为一个倾斜放置的正方体，图(a)显示的是世界坐标，图(b)显示的是物体本地坐标。从图 3-5 中可以直观看出 Translate 方法中使用 Space.Self 和 Space.World 参数的区别。

　　(a) 世界坐标系下的立方体　　　　　　　(b) 本地坐标系下的立方体

图 3-5　倾斜放置的立方体

将下面给出的 fvc_translate 类添加到图 3-5 所示的立方体游戏对象上。可以看到，在

Space.World 模式下立方体沿竖直向上运动，而在 Space.Self 模式下沿倾斜方向运动。

```
public class fvc_translate : MonoBehaviour{
    private float speed = 0.5f;
    private bool bSpace = false;
    void Update() {
        if(Input.GetKeyDown(KeyCode.Space)){
            bSpace = !bSpace;
        }
        if(bSpace){
            transform.Translate(0, speed*Time.deltaTime, 0, Space.Self);
        }
        else{
            transform.Translate(0, speed * Time.deltaTime, 0, Space.World);
        }
    }
}
```

对游戏对象进行旋转变换要比位置变换复杂一些。最常用的是使用 Transform 组件的 Rotate 方法实现自转：

```
public void Rotate(Vector3 eulers,Space relativeTo=Space.Self);
public void Rotate(float xAngle,float yAngle,float zAngle,Space relativeTo=Space.Self);
```

其中：

(1) eulers：用向量表示的旋转欧拉角；xAngle、yAngle 和 zAngle 分别表示绕 x、y 和 z 轴旋转的角度，即欧拉角，用(°)表示。

(2) relativeTo 的含义与上面分析的 Translate()中的一样。

将下面的 fvc_rotate 组件添加到图 3-5 所示的立方体游戏对象上，运行程序，点击 Space 键查看运行效果。

```
public class fvc_rotate : MonoBehaviour{
    private float speed = 15f;
    private bool bSpace = false;
    void Update(){
        if (Input.GetKeyDown(KeyCode.Space)){
            bSpace = !bSpace;
        }
        if (bSpace){
            transform.Rotate(0, speed * Time.deltaTime, 0, Space.Self);
        }
```

```
        else{
            transform.Rotate(0, speed * Time.deltaTime, 0, Space.World);
        }
    }
}
```

下面的实例方法将物体绕通过指定位置的轴旋转。

```
public void RotateAround(Vector3 point, Vector3 axis, float angle);
```

其中：point 表示 axis 轴通过的空间点，angle 表示旋转的角度。可以通过该方法实现物体的公转。

参见下面的 fvc_rotate_axis_point 类，在 Update 函数中实现游戏对象的旋转，旋转轴通过空间点(0, 0, 0)，方向向上，每一帧旋转的角度为 20*Time.deltaTime。

```
public class fvc_rotate_axis_point : MonoBehaviour{
    private GameObject cube;
    void Start(){
        cube = GameObject.CreatePrimitive(PrimitiveType.Cube);
        cube.transform.position = new Vector3(3,0,0);
    }
    void Update() {
        cube.transform.RotateAround(Vector3.zero, Vector3.up,
                            20 * Time.deltaTime);
    }
}
```

Transform 组件的 LookAt 方法通过指定游戏对象的 forward 方向实现物体的旋转：

```
public void LookAt(Transform target, Vector3 worldUp = Vector3.up);
public void LookAt(Vector3 worldPosition, Vector3 worldUp = Vector3.up);
```

其中：参数 target 表示游戏对象需要指向的目标，worldPosition 表示所指向的目标位置，worldUp 用于指明世界坐标系下物体的 up 方向。

查看下面的 fvc_look_at 类。在 Start 函数中创立了一个立方体游戏对象，并将其放置在(3, 0, 0)的位置。在 Update 函数中将立方体对象绕 y 轴公转。将 fvc_look_at 类添加到游戏场景中的相机上，运行并查看结果。当 LookAt()函数的 worldUp 参数使用默认值时，运行结果如图 3-6(a)所示。使用 Vector3.left 参数时，运行结果如图 3-6(b)所示，此时相当于将相机倒转了 90° 进行拍摄。

```
public class fvc_look_at : MonoBehaviour{
    private GameObject cube;
```

```
        private bool bSpace=false;
        void Start(){
            cube = GameObject.CreatePrimitive(PrimitiveType.Cube);
            cube.transform.position = new Vector3(3,0,0);
        }
        void Update(){
            cube.transform.RotateAround(Vector3.zero, Vector3.up,
                                        20 * Time.deltaTime);
            if(Input.GetKeyDown(KeyCode.Space)){
                bSpace = !bSpace;
            }
            if(bSpace)
                transform.LookAt(cube.transform);
            else
                transform.LookAt(cube.transform, Vector3.left);
        }
    }
```

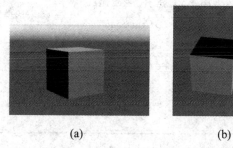

(a)   (b)

图 3-6   fvc_look_at 组件的运行结果

Transform 类还具有如下实例性质：

```
    public void SetPositionAndRotation(Vector3 position, Quaternion rotation);
```

其中，SetPositionAndRotation 用于根据输入的参数改变游戏对象的位置和朝向。

Transform 组件除了上面的基本功能(即实现游戏对象的平移、旋转和缩放变换)外，还提供了一些实用化的操作。比如：

```
    public Vector3 TransformDirection(Vector3 direction);
    public Vector3 TransformDirection(float x, float y, float z);
```

其中，TransformDirection()将本地方向 direction 转换到世界坐标下，该过程不受 Transform 本身的缩放量影响。

下面的两个方法是 TransformDirection()方法的反操作，用于将方向从世界坐标下变换到本地坐标下。

```
public Vector3    InverseTransformDirection(Vector3 direction);
public Vector3    InverseTransformDirection(float x, float y, float z);
```

下面的两个方法将本地位置转换到世界坐标下。该方法与 TransformDirection()方法不同，它受 Transform 本身缩放量的影响。

```
public Vector3 TransformPoint(Vector3 position);
public Vector3 TransformPoint(float x, float y, float z);
```

将下面的 fvc_transform_point 组件添加到一个游戏对象上，设置该游戏对象的世界坐标为(0, 1, −10)。在 Start 函数中，将游戏对象的缩放分量设定为(1, 1, 1)，接着将 pos = (4, 4, 4)作为游戏对象本地坐标系下的坐标进行变换，即调用 Transform 的 TransformPoint 函数将 pos 变换到世界坐标系下。运行程序，输出结果如图 3-7 所示。pos 的世界坐标为$(4 \times 1 + 0, 4 \times 1 + 1, 4 \times 1 - 10) = (4, 5, -6)$。当游戏对象的缩放量设定为(1, 2, 1)时，pos 的世界坐标为$(4 \times 1 + 0, 4 \times 2 + 1, 4 \times 1 - 10) = (4, 9, -6)$。

```
public class fvc_transform_point : MonoBehaviour{
    void Start(){
        Vector3 pos=new Vector3(4,4,4);
        transform.localScale=new Vector3(1,1,1);
        print(transform.TransformPoint(pos));
        transform.localScale=new Vector3(1,2,1);
        print(transform.TransformPoint(pos));
    }
}
```

```
[10:43:10] (4.0, 5.0, -6.0)
UnityEngine.MonoBehaviour:print(Object)
[10:43:10] (4.0, 9.0, -6.0)
UnityEngine.MonoBehaviour:print(Object)
```

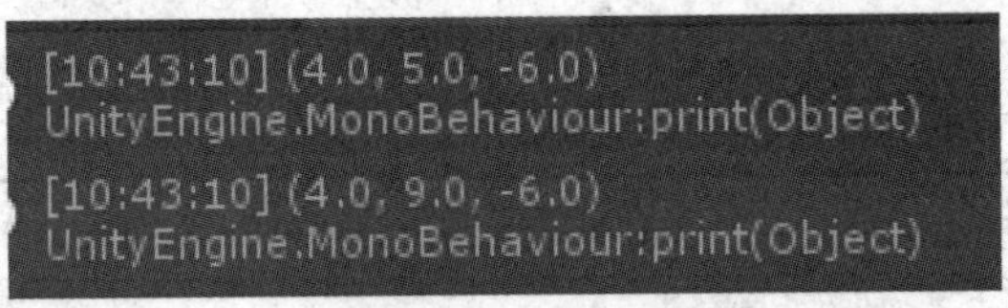

图 3-7　fvc_transform_point 的运行结果

下面给出 TransformPoint 函数的反操作函数：

```
public Vector3    InverseTransformPoint(Vector3 position);
public Vector3    InverseTransformPoint(float x, float y, float z);
```

InverseTransformPoint()：将世界坐标变换到本地坐标系下，也受当前 Transform 缩放量的影响。下面的 fvc_inverse_transform_point 代码中，用 Start()函数计算游戏对象在相机坐标系下的位置。将 fvc_inverse_transform_point 添加到游戏对象上，运行游戏，查看并分析输出结果。

```
public class fvc_inverse_transform_point : MonoBehaviour{
    public Transform cam;
    public Vector3 cameraRelative;
    void Start(){
        cam = Camera.main.transform;
        Vector3 cameraRelative = cam.InverseTransformPoint(transform.position);
        if (cameraRelative.z > 0)
            print("The object is in front of the camera");
        else
            print("The object is behind the camera");
    }
}
```

Transform 的 SetParent()函数用于设置游戏对象的子节点或父节点，其函数原型如下：

```
public void SetParent(Transform p);
public void SetParent(Transform p, bool worldPositionStays);
```

第一个函数是第二函数的一个使用特例，即 worldPositionStays 为 true 时的情形。当 worldPositionStays 为 true 时，子节点的世界坐标保持不变，否则子节点的世界坐标受父节点的影响。查看 fvc_set_parent 中的 Start 函数。首先，创建一个立方体游戏对象 parent，位置为(3, 0, 0)，角度为(0, 30, 0)。接着，新建一个球体游戏对象 sphere1，位置为(1, 0, 0)。调用 SetParent()函数将 sphere1 添加到 parent 下面，并设置函数的第二个参数为 false。我们发现 sphere1 的局部位置为(1, 0, 0)，世界坐标为(3.9, 0.0, -0.5)，欧拉角为(0, 30, 0)。可以看出，将 worldPositionStays 设为 false 时，子节点的世界坐标将变成父节点坐标系下的局部坐标。代码如下：

```
public class fvc_set_parent : MonoBehaviour {
 void Start () {
    GameObject parent = GameObject.CreatePrimitive(PrimitiveType.Cube);
    parent.transform.position = new Vector3(3, 0, 0);
    parent.transform.rotation = Quaternion.AngleAxis(30, Vector3.up);

    GameObject sphere1 = GameObject.CreatePrimitive(PrimitiveType.Sphere);
    sphere1.transform.position = new Vector3(1, 0, 0);
    print(sphere1.transform.position);
    print(sphere1.transform.rotation.eulerAngles);

     sphere1.transform.SetParent(parent.transform, false);
```

```
        print(sphere1.transform.localPosition);
        print(sphere1.transform.position);
        print(sphere1.transform.rotation.eulerAngles);
    }
}
```

3.2.3　静态函数

Transform 类提供了若干个实用静态函数，用于销毁、查找和克隆对象。它们的函数原型和使用方法与 GameObject 相对应的函数完全一致，在此不赘述，请参见 GameObject 类的内容(第 1 章)。

```
public static void Destroy(Object obj, float t = 0.0F);

public static void DestroyImmediate(Object obj, bool allowDestroyingAssets = false);

public static void DontDestroyOnLoad(Object target);

public static T FindObjectOfType(bool includeInactive);

public static T[] FindObjectsOfType(bool includeInactive);

public static Object Instantiate(Object original, Vector3 position, Quaternion rotation,

                        Transform parent);
```

习　　题

3.1　变换组件的作用是什么？

3.2　如何实现游戏对象的自转？编程演示正方体对象不停绕本地坐标的 x 轴旋转。

3.3　通过变换组件的实例性质，编程演示正方体对象在世界坐标系的 x 轴上左右来回运动。

3.4　如何实现游戏对象的公转？

3.5　Transform 类的实例函数 Translate 的第二个形参有何意义？如何输入实参？

3.6　Transform 类的实例函数 Rotate 的三个形参如何控制游戏对象旋转？

3.7　通过启用协程的方法，动画演示一个球体的缩放。

第 4 章　用 户 输 入

本章介绍 Unity 的输入(Input)，主要内容包括输入管理器(Input Manager)、鼠标的指示光标定制、Cursor 类、Input 类和触摸输入。通过本章的学习，读者可以了解并掌握基本的鼠标、键盘输入，能够利用输入控制游戏对象，实现游戏或虚拟应用系统中的人机交互。

4.1　输入管理器

Unity 的输入是指虚拟应用程序中用户的输入，用于控制程序的运行。Unity 提供了两套独立的输入系统，用以支持键盘、鼠标、游戏手柄和触屏，以及 VR 和 AR 控制器的输入。其中，一套是输入管理器(Input Manager)，它是 Unity 平台的核心模块之一；另一套是输入系统(Input System)，作为安装包，它需要用包管理器进行安装，如图 4-1 所示。

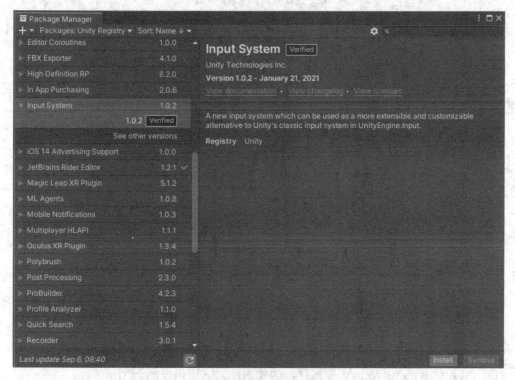

图 4-1　安装 Input System

在 Unity 编辑器中点击"Edit"→"Project Settings"→"Input Manager"可以打开输入管理器(InputManager)面板，如图 4-2 所示。输入管理器预定义了一系列虚拟轴，每个虚拟轴包含了多个参数，如图 4-3 所示。

图 4-2　输入管理器 Input Manager

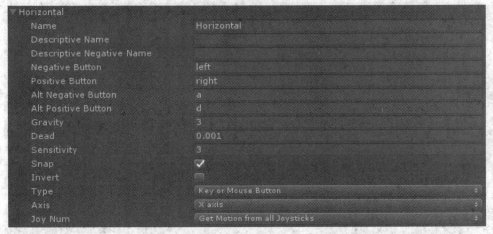

图 4-3　虚拟轴的参数

下面详细介绍图 4-3 所示的虚拟轴每个参数的含义。

(1) Name：表示轴的名称。

(2) Descriptive Name：描述轴的正向键。

(3) Descriptive Negative Name：描述轴的反向键。

(4) Negative Button：表示负向按键，触发该键向虚拟轴发送一个负值。

(5) Positive Button：表示正向按键，触发该键向虚拟轴发送一个正值。

(6) Alt Negative Button：表示备选负向按钮。

(7) Alt Positive Button：表示备选正向按钮。

(8) Gravity：表示按键和鼠标的复位速度。

(9) Dead：表示一个阈值，小于该值的输入都无效。

(10) Sensitivity：表示输入的灵敏度。对于键盘来说，此值越大，响应越快；对于鼠标来说，利用该值可将鼠标移动的距离进行缩放。

(11) Snap：表示对齐。如果勾选该项，则当虚拟轴收到反向输入信号时，虚拟轴的数值会立即设置为 0。

(12) Invert：表示反转，当勾选该项时可以让正向按钮发送负值，反向按钮发送正值。

(13) Type：用于指定 Horizontal 可以适用的输入方式，有三个选项，分别是 Key or Mouse Button(适用按键)、Mouse Movement(适用鼠标移动和鼠标滚轮)、Joystick Axis(适用摇杆)。

(14) Axis：表示设备的输入轴。

(15) Joy Num：设置控制该轴的摇杆标号。

在图 4-2 所示管理器窗口上的 Size 栏输入数字，可以在预定的虚拟轴列表后面新建虚拟轴，或删除最后面的虚拟轴。比如图 4-2 中显示预设的虚拟轴为 18 个。如果在 Size 栏输入 19，则表示在列表的后面添加一个虚拟轴；如果输入 17，则删除最后一个虚拟轴，也可以点击鼠标右键删除指定的虚拟轴。

在设置一个虚拟轴时，需要输入按键(Key)名称用来映射管理器中的 Positive Button、Negative Button 等。表 4-1 列出了常用的按键和按钮名称。

表 4-1 常用按键和按钮名称

按键系列	按 键 名 称
字母键	a, b, c, …
数字键	1, 2, 3, 4,…
方向键	up, down, left, right
数字小键盘(NumPad)	[1], [2], [3], [4], [+], [-], …
修改键	right shift, left shift, right ctrl, left ctrl, left alt,right alt, windows
特殊键	backspace, tab, return, escape, space, delete, enter, insert, home, end, page up, page down
功能键	f1, f2, f3,…
鼠标按钮	mouse 0, mouse 1, mouse 0
手柄按钮	joystick button 0, joystick button 1, …
某手柄的按钮	joystick 1 button 0, joystick 1 button 1, joystick 2 button 0,…

4.2 光 标

鼠标的指示光标作为输入的指示标志在人机交互中发挥着重要作用，所以我们单独对其进行讲解。

通过 Unity 的编辑器窗口可以快速定制光标。首先，导入纹理，将纹理设置为"Cursor"类型，将 Wrap Mode 设置为"Clamp"，如图 4-4 所示。然后，在"Edit"→"Project Settings"→"Player"下，选中"Default Cursor"，点击右下角的"Select"按钮，选择指定的纹理，如图 4-5 所示，这样就可以定制光标。运行程序，可以看到在游戏场景窗口中鼠标光标变成了手型。

图 4-4　光标纹理的设置

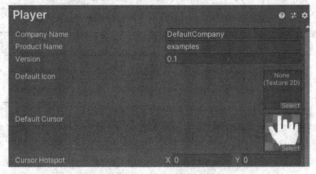

图 4-5　定制光标的控制面板

此外，我们也可以通过编程的方式设定光标。Unity 提供了专门的类 Cursor，用来描述鼠标的指示光标。下面给出 Cursor 类的两个性质：

```
public static bool visible;
public static CursorLockMode lockState;
```

其中：

(1) visible：用来获取或设置光标是否可见，false 表示隐藏光标，true 表示显示光标。

(2) lockState：用来获取硬件光标的限制状态。限制状态有三种，分别是 CursorLockMode.Locked，表示限制在视口中央，不能移动，也不可见；CursorLockMode.Confined，表示限制在整个窗口；CursorLockMode.None，表示没有限制。

Cursor 中的静态函数 SetCursor 用于定制光标，其函数原型如下：

```
public static void SetCursor(Texture2D texture, Vector2 hotspot, CursorMode cursorMode);
```

其中：参数 texture 表示定制光标所需要的纹理；hotspot 表示偏离纹理左上角的位置作为鼠标位置中心，请注意，Unity 默认以纹理的左上角，即(0, 0)为鼠标位置中心；CursorMode 指明如何渲染鼠标纹理。

下面 fvc_mouse_cursor 中的代码演示了如何设置光标。将该代码添加到相机游戏对象上，运行程序，可以看到鼠标指示光标变成了手型。

```
public class fvc_mouse_cursor : MonoBehaviour{
    public Texture2D crosshair;
    void Start(){
        Vector2 cursorOffset = new Vector2(crosshair.width / 2,
                        crosshair.height / 2);
        Cursor.SetCursor(crosshair, cursorOffset, CursorMode.Auto);
    }
}
```

4.3 键盘、鼠标和手柄输入

我们一般使用 Input 类中的相关静态成员读取用户的键盘、鼠标和游戏手柄的输入。要注意的是，Input 类的静态成员的调用要放在 MonoBehaviour 类的 Update 函数中才能捕捉用户的输入。捕捉的用户输入可以得到两类值：一类是在 −1～+1 之间的连续变化值；另一类是 bool 类值，用于触发事件。

下面介绍 Input 类接收用户键盘、鼠标和手柄输入的相关静态方法和静态性质。

4.3.1 静态方法

静态方法的代码如下：

```
public static float GetAxis(string axisName);
```

GetAxis()方法用于获取由 axisName 指定的虚拟轴的值。虚拟轴在输入管理器中约定，输入的 axisName 字符串在输入管理器中查询。比如，当 axisName 参数取值为"Horizontal"且 Horizontal 轴类型 Type 设定为 Key or Mouse Button 时，系统会捕捉左右方向键、a 和 d 键；当 axisName 参数取值为"Vertical"时，系统会捕捉上下方向键、s 和 w 键。对键盘和手柄来说，该值在−1～1 之间。

下面的 fvc_get_axis_key 类在 Start 函数中设定物体移动的速度 speed 和旋转速度 rotationSpeed。在 Update 函数中读取水平和竖直轴向的输入值，根据移动速度和旋转速度，获取移动和旋转量，再根据每一帧的时间 Time.deltaTime 换算得到实际的移动量和旋转量。这样控制的运动看起来更平顺。最后，通过 transform.Translate()函数控制物体在 z 方向的移动，通过 transform.Rotate()控制物体绕 y 轴旋转。将 fvc_get_axis_key 组件添加到一个立方体游戏对象上，运行程序并查看运行效果。

```
public class fvc_get_axis_key: MonoBehaviour{
    public float speed = 10.0f;
    public float rotationSpeed = 100.0f;
    void Update(){
        float translation = Input.GetAxis("Vertical") * speed;
        float rotation = Input.GetAxis("Horizontal") * rotationSpeed;

        translation *= Time.deltaTime;
        rotation *= Time.deltaTime;
        transform.Translate(0, 0, translation);
        transform.Rotate(0, rotation, 0);
    }
}
```

如果将轴映射到鼠标，即虚拟轴的 Type 参数为 Mouse Movement，则该函数获取的值是虚拟轴灵敏度与鼠标移动量的乘积。一般来说，正值表示鼠标向右或向下移动，负值表示鼠标向左或向上移动。假如 axisName 参数输入为"Mouse X"，系统会捕捉鼠标在水平方向的移动；当 axisName 参数输入为"Mouse Y"时，系统会捕捉鼠标在上下方向的移动。将下面的 fvc_get_axis_mouse 添加到游戏对象上，运行程序，当移动鼠标时，游戏对象绕着 x 和 y 轴旋转。

```
public class fvc_get_axis_mouse : MonoBehaviour {
    void Update(){
        float h = 20 * Input.GetAxis("Mouse X");
        float v = 40 * Input.GetAxis("Mouse Y");
        transform.Rotate(v, h, 0);
    }
}
```

下面的三个静态函数用于接收由输入管理器约定的虚拟轴，捕捉由这些虚拟轴被操纵时所触发的事件。返回类型为 bool 类型，与 GetAxis()返回数值不同。

```
public static bool GetButton(string buttonName);
public static bool GetButtonDown(string buttonName);
public static bool GetButtonUp(string buttonName);
```

其中：
(1) GetButton ()：用于在按住某个键时返回 true。
(2) GetButtonDown ()：用于在按下某个键的瞬间返回 true。

(3)　GetButtonUp ()：用于在松开某个键时返回 true。

在下面的 fvc_get_button 的 Update 函数中通过 GetButtonDown()函数捕获鼠标键按下的事件。在输入管理器中展开 Fire1 虚拟轴，可以看到字符串"Fire1"与左边的 Ctrl 键和鼠标左键进行了映射，所以，按住左 Ctrl 键或鼠标左键时 GetButtonDown()函数返回 true，在场景中的一个随机位置新建一个球体。运行该代码，体会这些函数的具体含义。

```
public class fvc_get_button : MonoBehaviour{
    void Update(){
        if (Input.GetButtonDown("Fire1")){
            GameObject go = GameObject.CreatePrimitive(PrimitiveType.Sphere);
            float x = Random.Range(0f, 5f);
            float y = Random.Range(0f, 5f);
            float z = Random.Range(0f, 5f);
            go.transform.position = new Vector3(x, y, z);
        }
    }
}
```

下面的三个静态方法处理鼠标或键盘的按键，输入参数是表 4-1 所列出的按键名称，返回的是 bool 值，用于事件处理。

```
public static bool GetKey(string name);
public static bool GetKeyDown(string name);
public static bool GetKeyUp(string name);
```

其中：

(1)　GetKey()：用于在按住某个键时返回 true。

(2)　GetKeyDown()：用于在按下某个键的瞬间返回 true。

(3)　GetKeyUp()：用于在松开某个键时返回 true。

在下面的代码中，输入的是按键名称。当持续按住相应按键不释放时，返回 true，否则返回 false。

```
bool b1=Input.GetKey("up");
bool b2=Input.GetKey("down");
bool b3=Input.GetKey("left");
bool b4=Input.GetKey("right");
bool b1=Input.GetKey("a");
bool b2=Input.GetKey("d");
bool b3=Input.GetKey("s");
bool b4=Input.GetKey("space");
```

GetKey()函数的参数也可以为 KeyCode 的枚举类型，该类型封装了所有键盘的键值。

```
public static bool GetKey(KeyCode key);
public static bool GetKeyDown(KeyCode key);
public static bool GetKeyUp(KeyCode key);
```

将下面的 fvc_key_code_F1 代码组件添加到场景中的相机游戏对象上。运行程序，点击"F1"键可以打开一个 PDF 文档。一般情形下建议用 KeyCode 作为 GetKey、GetKeyDown 和 GetKeyUp 的参数输入，而不用字符串作为参数输入。表 4-2 列出了常用的 KeyCode。除了这些常用按键，其他更多的 KeyCode 性质请参见 Unity 手册。

```
public class fvc_key_code_F1 : MonoBehaviour{
    void Update(){
        if(Input.GetKeyDown(KeyCode.F1))
        {
            Application.OpenURL("G:/vr/help.PDF");
        }
    }
}
```

表 4-2　KeyCode 的成员及其含义

KeyCode 性质	键盘的按键	KeyCode 性质	键盘的按键
Backspace	Backspace 回格键	LeftShift	左 Shift 上档键
Delete	Delete 删除键	RightShift	右 Shift 上档键
Tab	Tab 制表键	LeftWindows	左窗口键
Space	Space 空格键	RightWindows	右窗口键
Escape	Esc 退出键	Mouse0	鼠标左键
UpArrow	向上方向键	Mouse1	鼠标右键
DownArrow	向下方向键	Mouse2	鼠标中间键
RightArrow	向右方向键	F1~F15	键盘功能键
LeftArrow	向左方向键	Alpha0~9	键盘顶部数字键 0~9
LeftControl	左 Ctrl 控制键	Keypad0~9	数字小键盘 0~9
RightControl	右 Ctrl 控制键	A~Z	字母键 a~z
LeftAlt	左 Alt 换挡键	JoystickButton0~19	手柄按键 0~19
RightAlt	右 Alt 换挡键		

下面的三个函数用于捕捉鼠标按键的输入。

```
public static bool GetMouseButton(int button);
public static bool GetMouseButtonDown(int button);
public static bool GetMouseButtonUp(int button);
```

其中：

(1) GetMouseButton：当鼠标按键被按住不释放时返回 true，否则返回 false。

(2) GetMouseButtonDown：当鼠标按键按下时返回 true，否则返回 false。

(3) GetMouseButtonUp：当鼠标按键释放时返回 true，否则返回 false。

上面三个函数的输入参数 button 为 int 型，0 表示鼠标左键，1 表示鼠标右键，2 表示鼠标中间键。

查看下面的 fvc_get_mouse_button 代码。在 Update 函数中检测鼠标按键是否按下。输入参数 0，表示鼠标左键按下，在控制台输出"按下鼠标左键"。 输入参数 1，表示鼠标右键按下，输出"按下鼠标右键"。如果鼠标中间键按下，则输出"按下鼠标中间键"。

```
public class fvc_get_mouse_button: MonoBehaviour{
    void Update(){
        if (Input.GetMouseButtonDown(0))
            Debug.Log("按下鼠标左键");
        if (Input.GetMouseButtonDown(1))
            Debug.Log("按下鼠标右键");
        if (Input.GetMouseButtonDown(2))
            Debug.Log("按下鼠标中间键");
    }
}
```

4.3.2 静态性质

下面给出的是 Input 类的 3 个静态性质。

```
public static bool mousePresent;
public static Vector3 mousePosition;
public static Vector2 mouseScrollDelta;
```

其中：

(1) mousePresent：检测鼠标，true 表示检测到鼠标，false 则表示没有检测到鼠标。

(2) mousePosition：读取鼠标当前在屏幕像素坐标系下的位置，其 z 分量为零，所获取的值与光标状态(Cursor.lockState)的设置有关。4.3.3 节介绍了 mousePosition 的应用例子。

（3）mouseScrollDelta：表示鼠标滚轮的滚动变化量，保存在返回值 Vector2 的 y 分量中。如果鼠标滚轮没有滚动 y 分量等于 0，向前滚动时，y 分量为正值，向后滚动时，y 分量为负值。

参见下面的 fvc_mouse_scroll 代码。在按下左控制键时，滚动鼠标滚轮，拉近或推远场景相机。

```
public class fvc_mouse_scroll : MonoBehaviour{
    public float scale=1f;
    void Update(){
        if(Input.GetKey(KeyCode.LeftControl)){
            float dy = Input.mouseScrollDelta.y * scale;
            this.transform.Translate(new Vector3(0, 0, dy));
        }
    }
}
```

下面的两个 Input 静态性质处理是否有任何键被按住或按下。

```
public static bool anyKey;
public static bool anyKeyDown;
```

其中：

（1）anyKey：判断是否有按键或按钮被按住，是只读的。true 表示有，false 表示无。

（2）anyKeyDown：表示是否有按键或按钮被敲击，也是只读的。true 表示有，false 表示无。

4.3.3　鼠标拾取和游戏对象拖曳

鼠标拾取物体的基本原理是从相机原点发出一条指向鼠标所在的屏幕位置的射线，当该射线与游戏对象的碰撞体发生交叉时，获取该游戏对象。查看下面的 fvc_mouse_pick_up 类。首先在 Start 函数中获取相机游戏对象的相机组件，然后在 Update 函数中处理鼠标左键的操作。如果按下鼠标左键，则通过物理引擎的 Raycast()函数探测游戏对象。最后调用 Drag()函数，拖动探测到的游戏对象。试将下面的 fvc_mouse_pick_up 代码组件添加到主相机游戏对象上，查看运行结果。

```
public class fvc_mouse_pick_up : MonoBehaviour{
    private Camera camera;
    private Transform target;
    private bool isGrabbing = false;
    private float lastObjectDistance=0f;
```

```
    void Start()
    {
        camera = this.GetComponent<Camera>();
    }
    void Update()
    {
        if(Input.GetKeyDown(KeyCode.Mouse0)){
            Ray ray = camera.ScreenPointToRay(Input.mousePosition);
            RaycastHit hit;
            if (Physics.Raycast(ray, out hit, Mathf.Infinity)){
                target = hit.collider.transform;
            }
            else target = null;
        }
        Drag();
    }

    private void Drag(){
        if (Input.GetKeyDown(KeyCode.Mouse0)){
            if (!target){
                return;
            }
            isGrabbing = true;
            lastObjectDistance = Vector3.Distance(camera.transform.position,
                            target.position);
        }
        if (Input.GetKeyUp(KeyCode.Mouse0)){
            isGrabbing = false;
        }
        if (isGrabbing){
            var ray = camera.ScreenPointToRay(Input.mousePosition);
            lastObjectDistance *= 1 + Input.mouseScrollDelta.y / 10;
            target.position = ray.GetPoint(lastObjectDistance);
        }
    }
}
```

4.4　触　摸　输　入

Touch 类用于描述触屏输入时一次触摸的信息。这些信息包括触摸发生时的状态(开始、结束、移动)、位置和触摸指头数量等。前面介绍的 Input 类有获取 Touch 类实例的GetTouch()函数。

下面给出与 Touch 类相关的一些实例性质。

```
public TouchPhase phase;
public Vector2 rawPosition;
public Vector2 position;
```

其中：

(1) phase：表示一次触摸的状态，有以下五种状态，分别是 TouchPhase.Began，手指触摸屏幕；TouchPhase.Moved，手指在屏幕上移动；TouchPhase.Ended，手指离开屏幕结束本次触摸；TouchPhase.Stationary，手指在屏幕上不动；TouchPhase.Canceled，系统取消跟踪本次触摸。

(2) rawPosition：表示手指触摸时的最初位置，在本次触摸中保持不变。在屏幕空间的像素坐标系下，左下角为(0，0)，右上角为(Screen.width, Screen.height)。

(3) position：表示手指头在本次触摸的当前位置，随着手指的移动而变化。

4.3 节介绍的 Input 类提供了触屏输入的功能，下面给出了与该类相关的静态性质。

```
public static bool touchSupported;
public static int touchCount;
public static bool touchPressureSupported;
public static bool simulateMouseWithTouches;
public static Touch[] touches;
```

其中：

(1) touchSupported：判断是否支持触屏输入，true 表示支持，false 表示不支持。

(2) touchCount：表示触碰的指头数量。

(3) touchPressureSupport：判断是否支持压力感应，true 表示支持，false 表示不支持。

(4) simulateMouseWithTouches：利用 simulateMouseWithTouches 设置将触屏输入模拟为鼠标输入，默认情况下 simulateMouseWithTouches 为 false。

(5) touches：保存所有触碰的触碰信息。

Input 类的 GetTouch 函数可以获取一次触摸的触摸信息，其函数原型如下：

```
public static Touch GetTouch(int index);
```

GetTouch()的输入参数为触碰的手指序号。一次可以有多个手指触屏。如果有 2 个手指触屏，则 index=0 或 1。参见 fvc_screen_touch 中的代码：

```
public class fvc_screen_touch : MonoBehaviour{
    public GameObject projectile;
    public GameObject clone;
    void Update(){
        for (int i = 0; i < Input.touchCount; ++i){
            if (Input.GetTouch(i).phase == TouchPhase.Began){
                clone = Instantiate(projectile, transform.position,
                                    transform.rotation);
            }
        }
    }
}
```

习　　题

4.1　如何在 Unity 编辑器中为输入增加虚拟轴？定制一个虚拟轴？

4.2　如何定制鼠标光标？

4.3　修改本章中的 4.3.1 小节中的 fvc_get_axis_key 代码，利用 Input 类的 GetKeyDown 函数实现键盘输入，实现 fvc_get_axis_key 的原有功能。

4.4　请查看本章 4.3.1 小节的 fvc_get_axis_mouse 类，用 Input 类的 GetButtonDown 函数替代 fvc_get_axis_mouse 中相关代码，而原有功能保存不变。

4.5　结合 GameObject 类的 Instantiate 函数，开发相关代码，在鼠标点击的场景中自动生成球体游戏对象。

4.6　分析指出 Input 类的 GetKeyDown 函数和 GetKey 函数有何区别。

4.7　Input.mousePosition 所获取的是鼠标当前位置，该位置是属于什么类型？请分析该位置所在的是什么坐标系，该坐标系有何特点。

4.8　如何读取鼠标滚轮的输入信息？

第 5 章　观察、光照与渲染

在虚拟现实技术中，在显示设备上看到的实际上是基于场景而迅速更新的图像，所以三维场景(Scene)的构建是游戏或虚拟应用系统中最核心的部分。本章介绍场景渲染过程的基本知识，主要内容包括渲染管线，渲染过程中的坐标变换、光照、材质和纹理，以及与渲染过程相关的 Unity 组件等。本章的内容与计算机图形学密切相关，但侧重于 Unity 的学习，因此只简单介绍了计算机图形学中相关的最基本概念。限于篇幅，本教程也不讲解与渲染密切相关的 Unity 着色器编程。如果需要深入学习并掌握其原理，请参考计算机图形学和 Unity 着色器编程的相关教程。通过本章的学习，读者可以利用 Unity 创建高效、复杂和动态的三维渲染效果。

5.1　观察与渲染管线

观察(Viewing)有时也称为视图(View)，是与场景(Scene)相关联的概念，在虚拟应用中经常使用，在后续的学习中也经常出现。场景是一个由若干物体共享的三维空间，其中包含了三维物体的几何信息、光照和纹理信息。观察则是通过建立指定的坐标系获取场景显示的过程。渲染(Rendering)是虚拟系统对场景中的数据进行加工，得到在二维屏幕上显示图像数据的过程。该数据加工过程非常复杂，从数学的角度来说，要经历多个坐标系变换。为了便于理解，引入渲染管线(Rendering Pipeline)的概念，渲染管线可以直观说明和分析虚拟系统中三维场景的渲染过程。本小节先介绍渲染管线的基本知识，然后介绍 Unity 系统中的渲染管线。

5.1.1　渲染管线及坐标变换

渲染一个场景之前，需要输入相关数据，比如基本的空间几何数据、光照、纹理映射等。整个渲染过程可以分为多个阶段如顶点处理、面处理、光栅化、像素处理等，最终在二维屏幕上输出图像，渲染过程如图 5-1 所示。这个数据加工过程被形象地称为渲染管线。

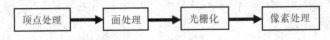

图 5-1　渲染管线运行过程

生成场景图像的过程可以比拟为相机拍摄过程。相机拍摄所涉及的过程是架设相机、摆放被拍摄对象、调节相机并拍摄和产生相片。对应这四个过程，场景渲染可以用五个变换表述，模型变换、视点变换、投影变换、规范变换和视口变换。以三维模型的顶点处理为例，在渲染的过程中涉及的变换如图 5-2 所示，其中涉及多个坐标系。

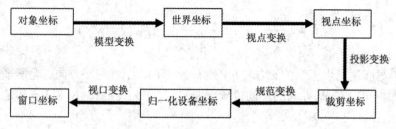

图 5-2　渲染过程的坐标变换

1. 对象坐标

对象坐标系(Object Coordinate System，OCS-xyz)是建立在游戏对象三维模型上的本地坐标系，也称本地坐标系，是在三维建模的时候确定的，如图 5-3 所示。

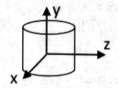

图 5-3　对象坐标系

2. 世界坐标

世界坐标系(World Coordinate System，WCS-XYZ)是整个三维场景所有游戏对象都享有的唯一的坐标系，如图 5-4 所示。

图 5-4　世界坐标系

3. 视点坐标

视点坐标系(Viewing Coordinate System，VCS-uvw)是从观察者角度描绘场景的坐标系，如图 5-5 所示。

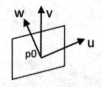

图 5-5　视点坐标系

为了创建视点坐标系，需要先确定观察者所在的位置 p0，称为视点(EYE)。然后从视点指向场景中某个位置(称为 AT)的方向确定为 N 方向，确定垂直 N 方向的某个平面称为观察平面，N 就称为观察平面的法线方向。还必须指明观察平面的向上方向，即 Up 方向。可以选定世界坐标中的一点，从世界坐标系原点到该点的方向为观察平面的 Up 方向。Up方向在观察平面上的投影确定为视点坐标系的 V 方向，N 方向的单位方向确定为视点坐标系的 W 方向，另外的一个方向即为视点坐标系的 U 方向。表示公式为：

$$\vec{W} = \frac{\vec{N}}{|\vec{N}|}, \quad \vec{u} = \frac{\vec{U}_p \times \vec{N}}{|\vec{U}_p \times \vec{N}|}, \quad \vec{v} = \vec{w} \times \vec{u} \tag{5-1}$$

这里 W 对应视点坐标系的 z 方向，V 对应 y 方向，U 对应 x 方向。观察平面总是平行于(U, V)平面，可以在 W 方向的不同位置。要注意，EYE、AT、N 和 Up 都是在世界坐标系下确定的数据。

4. 裁剪坐标

从视点出发，顺着视点坐标系的 W 方向建立一条射线，在观察平面的背面，射线的反向延长线上确定一点 R，作为投影参考点。在观察平面上确定一个矩形裁剪窗口，如图 5-6 所示。从投影参考点向该矩形裁剪窗口的四个顶点引出四条直线，形成所谓的视觉棱锥体，该锥体表面四个三角形所在的平面形成上、下、左、右裁剪面，在这些裁剪面之外的场景将不会进行渲染。上下剪切面之间的夹角称为视场角。矩形裁剪窗口的宽 w 和高度 h 之比，称为窗口的宽高比 aspect，公式为

$$aspect = \frac{w}{h} \tag{5-2}$$

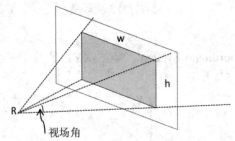

图 5-6　棱锥形观察体

在远离观察平面，并与观察平面平行的位置，确定远剪切面。在靠近观察平面，同样与观察平面平行的位置，确定近剪切面，如图 5-7 所示。远近剪切面在观察平面的同一侧。由上下、左右剪切面、远近剪切面形成的包围体称为透视投影的视景体，也称为剪切坐标空间。远剪切面可以剔除在投影窗口上只是形成一个小点的距离很远的物体。

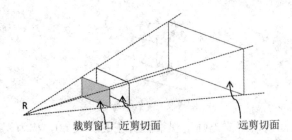

图 5-7　透视投影视景

5. 归一化设备坐标

为了匹配不同的显示设备，需要将数据从裁剪坐标系变换到规范化坐标系(Normalized Coordinates)，规范化坐标系在(-1, -1, -1)与(1, 1, 1)形成的正方体内，如图 5-8 所示。

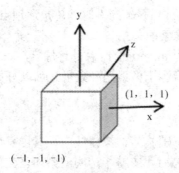

图 5-8 规范坐标系

6. 窗口坐标

在规范坐标系下的场景将会被转变到视口坐标系。视口坐标系是基于所使用的相机的坐标系，其 x 和 y 轴的范围是从左下角(0, 0)到右上角(1, 1)的矩形区域。视口坐标系是三维坐标系，其 z 坐标就是以相机的世界坐标为单位的。

最后，要将视口坐标系下的场景映射到屏幕窗口坐标系上。在计算机图形学中，视口是屏幕窗口中用于绘制图像的矩形区域，是在屏幕窗口坐标系下进行划分的。一个屏幕上可以有多个视口。通常，视口的宽高比应与视景体的宽高比相等，否则投影后的图像被映射到视口时会发生变形。屏幕窗口坐标系左下角为(0, 0)，右上角为(w, h)，如图 5-9 所示。w 是以像素为单位的屏幕的宽度，h 是以像素为单位的屏幕的高度，屏幕窗口坐标系为二维坐标系。

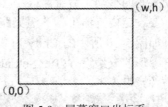

图 5-9 屏幕窗口坐标系

5.1.2 Unity 中的渲染管线

Unity 系统内部预设了三种渲染管线，提供不同的渲染能力和不同的性能特征，以适用于不同的游戏和应用系统。这三种渲染管线是内置渲染管线(Built-in Render Pipeline)、通用渲染管线(Universal Render Pipeline)和高清渲染管线(High Definition Render Pipeline)，下面我们分别介绍。

1. 内置渲染管线

内置渲染管线是 Unity 引擎最初提供的渲染管线，也是当前默认渲染管线。与光照和着色相关的一系列操作称为一个渲染路径(Rendering Path)，内置渲染器支持多个渲染路径。通过设置指定相机组件的"Rendering Path"参数来设置内置渲染器的渲染路径。

1) 前向渲染

前向渲染(Forward Rendering)是内置渲染管线中默认的渲染路径，适用一般情形下的渲染。前向渲染根据光照情况，用一个或多个通道渲染每个物体。具体而言，用基础通道可以渲染逐像素光源、逐顶点光源和球谐光，用额外的通道渲染其他逐像素光源，一个光源用一个通道。前向渲染的不足之处就是每增加一个光源照射，所需渲染的时间增多。

要注意的是，逐像素的渲染效果比逐顶点好很多，因为逐顶点渲染中顶点之间的片元是插值得到的效果。一个光源的渲染一般遵循下面几个原则：

(1) 光源的渲染模式为"Not Important"时，总是逐顶点或球谐的。

(2) 最亮的方向光总是逐像素的。

(3) 光源的渲染模式设置为 Important 时总是逐像素渲染的。

(4) 如果按上面设置的光源少于像素光源数量，可以有更多的光源按照亮度降低的顺序进行逐像素渲染。

2) 延迟着色

延迟着色(Deferred Shading)是内置渲染管线中最具可靠性的光照渲染路径，但在应用上有所限制，需要 GPU 的支持且不支持半透明渲染和正交投影。延迟着色在实时光照数量上没有限制，所有的光照都是逐像素计算。

3) 旧延迟渲染路径

旧延迟渲染路径(Legacy Deferred)类似前面介绍的延迟着色，由于是旧版本，所以不支持某些渲染特性，比如标准着色器和反射探针等。使用高版本的 Unity 开发项目建议使用延迟着色器的渲染路径。

4) 旧顶点光照

旧顶点光照(Legacy Vertex Lit)的渲染路径不支持实时阴影，用于低光照保真的旧机器或受限制的移动平台上。

要设定内置渲染器的渲染路径，点击"Edit"→"Project Settings"→"Graphics"，打开如图 5-10 所示的 Unity 内置渲染管线设置面板。接着点击上面的"Open Editor"按钮，打开图形的分级设置(Tier Settings)窗口，如图 5-11 所示。其参数与着色器编译控制参数的对应关系见表 5-1。

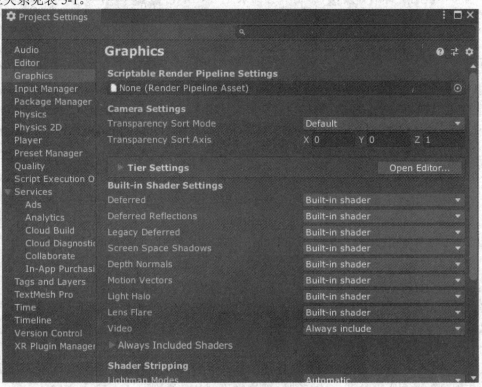

图 5-10　Unity 的内置渲染管线设置面板

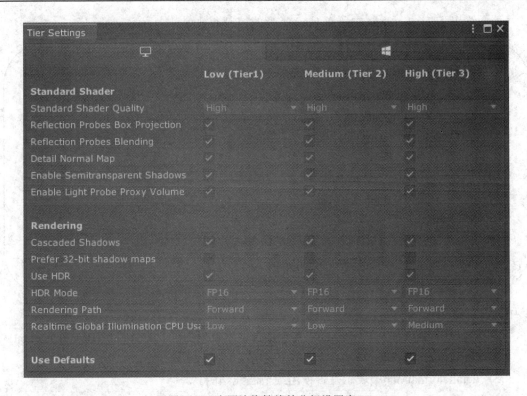

图 5-11　内置渲染管线的分级设置窗口

表 5-1　TierSettings 参数与着色器编译控制参数的对应关系表

TierSettings 结构成员	着色器编译控制参数
standardShaderQuatlity	UNITY_PBS_USE_BRDF3 UNITY_PBS_USE_BRDF2 UNITY_PBS_USE_BRDF1
reflectionProbeBoxProjection	UNITY_SPECCUBE_BOX_PROJECTION
reflectionProbeBlending	UNITY_SPECCUBE_BLENDING
detailNormalMap	UNITY_ENABLE_DETAIL_NORMALMAP
semitransparentShadows	UNITY_USE_DITHER_MASK_FOR_ALPHABLENDED_SHADOWS
enableLPPV	UNITY_LIGHT_PROBE_PROXY_VOLUME
cascadeShadowMaps	UNITY_NO_SCREENSPACE_SHADOWS

低级(Tier1)对应低档的图形设备，不支持 OpenGL ES3.0 的移动设备。中级(Tier2)
对应中档位的图形设备，支持 OpenGL ES3.0+ 的移动设备。高级(Tier3)对应高档位的
图形设备，支持 OpenGL(即 DirectX 11+)的硬件设备。每个级别用 TierSettings 结构进
行描述。

下面给出了 TierSettings 中所有 bool 类型的控制参数。

```
public bool reflectionProbeBoxProjection;
public bool reflectionProbeBlending;
public bool detailNormalMap;
public bool semitransparentShadows;
public bool enableLPPV;
public bool cascadedShadowMaps;
public bool prefer32BitShadowMaps;
public bool hdr;
public Rendering.ShaderQuality standardShaderQuality;
public Rendering.CameraHDRMode hdrMode;
```

其中：

(1) reflectionProbeBoxProjection：表示是否使用反射探针立方体投影(Box Projection)。

(2) reflectionProbeBlending：表示是否使用反射探针融合。

(3) detailNormalMap：表示是否使用细节法线贴图。

(4) semitransparentShadows：表示是否使用半透明阴影。

(5) enableLPPV：表示是否使用光探针代理体。

(6) cascadeShadowMaps：表示是否使用阶梯阴影算法处理相机透视投影中出现的阴影边缘锯齿现象。

(7) prefer32BitShadowMaps：表示是否使用 32 位的阴影映射实现高质量的阴影效果。要注意大多数平台只能使用某个特定的阴影映射格式，不能调整，且只有深度缓存也是在使用 32 位的时候才能使用。

(8) hdr：表示是否使用高动态范围(High Dynamic Range，HDR)渲染。在标准动态范围(Standard Dynamic Range，SDR)中，红、绿、蓝用 8 位存储，像素的颜色值在 0～1 之间取值。而在某些情形下，这样取值并不能反映真实的光照效果。相对于 SDR，HDR 允许图形系统内部使用 0～1 范围之外的值来计算并表示图形(称为 HDR 渲染)，能渲染更大范围的亮度，将渲染结果输出到显示设备，以得到更为真实的光照效果。

(9) standardShaderQuatlity：表示内置渲染管线(或标准着色器)的渲染品质，为 ShaderQuality 类型，分为低(Low)、中(Medium)和高(High)三种。

(10) hdrMode：当图形设备的 hdr 设置为 true 时，用于设定高动态范围的缓存格式(有两种，即 FP16 和 R11G11B10)。FP16 为 rgba 四通道(包括 alpha 通道)，每通道为 16 位浮点值。R11G11B10 为 rgb 三通道，没有 alpha 通道，r 和 g 通道为 11 位浮点值，b 通道为 10 位浮点值。要注意的是，并不是所有的图形卡都支持 FP16 或 R11G11B10 格式，可以通过 SystemInfo.SupportRenderTextureFormat()函数查询指定的格式是否被平台所支持。

2. 通用渲染管线

通用渲染管线(Universal Render Pipeline，URP)是 Unity 预设的一种可编程渲染管线。打开 Unity Hub，在新建项目窗口选择"Universal Render Pipeline"模板，便可在 Unity 项目中配置并使用 URP，如图 5-12 所示。通过 URP 模板，不仅可以自定义渲染过程，而且无需编程，使用其提供的可视化工具 Shader Graph 即可创建着色器。

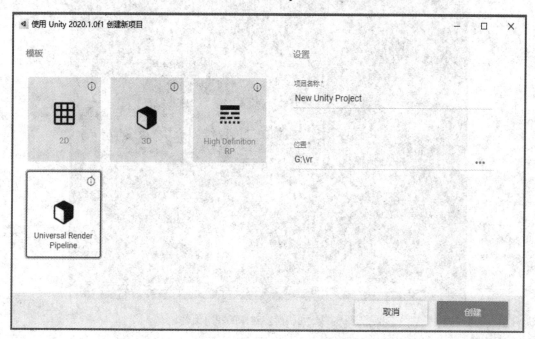

图 5-12　新建项目时选择不同的渲染管线模块

3. 高清渲染管线

高清渲染管线(High Definition Render Pipeline，HDRP)是一种高保真可编程渲染管线(Scriptable Render Pipeline)，具有先进的渲染和着色功能，利用基于物理的光照技术、线性光照、高清渲染光照和可配置的混合平铺/聚类延迟/前向光照架构，可达到非常逼真的视觉效果，用于创建符合高图形标准的游戏、技术演示和动画等应用。

在新建项目时，选择"High Definition RP"模板便可在项目中配置 HDRP 作为项目的渲染管线，如图 5-12 所示。

5.2　相　机　组　件

在游戏开发引擎中，一般都引用了一个相机模块实现对场景渲染过程或渲染管线的控制。而在面向对象编程的概念里，往往是用一个 Camera 类来封装这个模块，Unity 引擎也是如此。在创建一个 Unity 游戏场景时，系统自动生成一个相机游戏对象，自动添加了一个相机组件，如图 5-13 所示。一个虚拟场景原则上可以设置任意多个相机。

图 5-13　相机游戏对象的相机组件

5.2.1　相机类

由于相机组件在检视图面板上显示的参数与相机类相关的公有性质一致，所以接下来我们直接介绍 Camera 类的使用，进而说明图 5-13 中相机组件检视图参数的含义。

Camera 的实例性质如下：

```
public CameraClearFlags clearFlags;
public Color backgroundColor;
public int cullingMask;
public bool orthographic;
public float orthographicSize;
public Rect rect;
```

其中：

(1) clearFlags：相机的清除标志。每个场景渲染的结果(像素的颜色和深度信息)都保存到硬件的缓存区中，在相机渲染某一帧之前，要进行缓冲区的清理。通过 clearFlags 指定如何清除屏幕窗口背景。CameraClearFlags 是一个枚举类型，有四个成员，分别是 SolidColor、

Skybox、Depth 和 Nothing。每个枚举成员的作用如下：SolidColor 表示用 Background 所指定的颜色填充背景；Skybox 表示用天空盒填充；Depth 表示只是清除深度缓存，保留上一帧所使用的颜色；Nothing 表示不进行背景清除，在游戏和虚拟应用中较少使用。

查看下面的 fvc_camera_clear。在 Start()函数中，首先将游戏对象 cube 的层设定为 9，接着将相机的清除标识设定为 SolidColor，并将背景颜色设定为红色。最后，将相机的剔除掩码设定为 9。

```
public class fvc_camera_clear : MonoBehaviour {
  public GameObject cube;
  void Start () {
    cube.layer = 9;
    Camera cam = this.GetComponent<Camera>();
    cam.clearFlags = CameraClearFlags.SolidColor;
    cam.backgroundColor = new Vector4(1, 0, 0, 0);
    cam.cullingMask = 9;
  }
}
```

上述 fvc_camera_clear 添加到相机游戏对象上，运行程序，可以看到 cube 不显示在场景中。

(2) clearFlags：取值为 SolidColor 时，backgroundColor 用于指定相机的背景颜色。

(3) cullingMask：剔除掩码，用于剔除指定层中的游戏对象，即不渲染指定层的游戏对象。

(4) orthographic：用于读取和设定相机的投影方式，如果为 true 则表示相机是正交投影，否则为透视投影。正交投影可用于 UI 制作和二维开发，或用于从某个特定角度以一致的效果展示场景。

(5) orthographicSize：用于指定正交投影的视景体的垂直方向尺寸的一半。

(6) rect：用于以单位化形式指定相机视口在屏幕中的位置和大小，取值在 0~1 之间，满屏为 1。比如，(0.3, 0.3, 0.6, 0.4)表示相机视口的左下角在(0.3, 0.3)位置，宽度为 0.6，高度为 0.4。

在下面的 fvc_camera_ortho_rect 代码中，创建了两个额外的相机对象 cam0 和 cam1，并设定相机的投影方式为正交投影，cam0 的 orthographicSize 设定为 2.0，其场景显示在左下角的视口中，cam1 的 orthographicSize 设定为 7.0，其场景显示在右上角，相机视口通过 Rect 类进行设定(Rect 类表示一个二维矩形空间，其使用方法参见第 3 章相关内容)。视口的位置由 Rect 类的构造函数前面两个参数给定，以屏幕左下角为原点，向左和向上为 x 和 y 的正方向。构造函数的后面两个参数指定视口的宽度和高度，宽度和高度之比为视口的宽高比 aspect，相机视景体的宽高比会根据视口的宽高比进行调整。

```
public class fvc_camera_ortho_rect : MonoBehaviour {
    public GameObject camGO0;
```

```
        public GameObject camGO1;
        void Start () {
                Camera main = this.gameObject.GetComponent<Camera>();
                this.gameObject.SetActive(false);
                Camera cam0 =camGO0.AddComponent<Camera>();
                cam0.orthographic = true;
                cam0.transform.position = main.transform.position;
                cam0.transform.rotation = main.transform.rotation;
                cam0.orthographicSize = 2.0f;
                cam0.rect = new Rect(0f, 0f, 0.5f, 0.5f);

                Camera cam1 = camGO1.AddComponent<Camera>();
                cam1.orthographic = true;
                cam1.transform.position = main.transform.position;
                cam1.transform.rotation = main.transform.rotation;
                cam1.orthographicSize = 7.0f;
                cam1.rect = new Rect(0.5f, 0.5f, 0.5f, 0.5f);}
        }
    }
```

可以看到，通过设定多个相机，并为每个相机设定不同位置和大小的视口，可以实现游戏场景的多视口显示，如图 5-14 所示。

图 5-14　场景的多视口显示

当 orthographic 设定为 false 时，相机使用透视投影。对于透视投影的相机组件，有如下 4 个非常重要的性质。

```
    public float fieldOfView;
    public float aspect;
    public float nearClipPlane;
    public float farClipPlane;
    public float depth;
```

其中：

(1) fieldOfView：表示透视投影所对应的视景体的视场角，在 0°～180° 之间变化。图 5-15 给出了两个不同视场角的场景，左边场景对应的视场角小于右边的。视场角大时，所看到的视野更广，所看到的游戏对象显得更小。

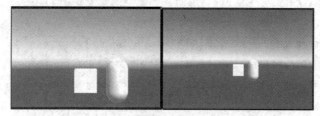

图 5-15　不同视场角下的场景显示

(2) aspect：用于设定相机透视投影视景体的宽高比。一般情况下，我们不用直接设定相机的 aspect，它会根据视口的宽高比 aspect 自动计算。

(3) nearClipPlane 和 farClipPlane：用于指定透视视景体的近、远剪切面位置。nearClipPlane 一般设为大于 0 小于 1 之间的某个值，而 farClipPlane 应该选取足够大的值(一般大于 1000 较为合适)，使得需要渲染的游戏对象都包含到场景中，不会被剔除。总之要记住，在 nearClipPlane 和 farClipPlane 之间的游戏对象才会被渲染。

(4) depth：用于指定使用多相机时相机的渲染顺序。depth 值越小，越先渲染。也就是说较大 depth 值的相机会在较小 depth 值的相机之后进行渲染。若游戏除了主相机之外添加了多个相机，则主相机的 depth 值默认为-1，其余相机的 depth 值为 0。相机的 depth 相同时，按添加相机的先后次序进行显示，后加入的相机覆盖先前加入的相机。

参见下面 fvc_camera_depth 代码。将代码添加到相机游戏对象上，运行程序，结果如图 5-16 所示。主相机视口背景为红色(A 区域)，cam1 相机视口背景为绿色(B 区域)，cam2 的相机视口背景为蓝色(C 区域)。由于相机 cam1 早于 cam2 加入，所以 cam1 的视口被 cam2 的视口覆盖。cam1 和 cam2 的 depth 默认都为 0，我们可以设置 cam1 的 depth＝1，改变它们的渲染次序，使 cam1 最后渲染。

```
public class fvc_camera_depth : MonoBehaviour
{
    public GameObject camGO1;
    public GameObject camGO2;
    void Start () {
        Camera main = this.gameObject.GetComponent<Camera>();
        main.clearFlags = CameraClearFlags.SolidColor;
        main.backgroundColor = new Vector4(1.0f, 0.0f, 0.0f, 0);
        main.rect = new Rect(0f, 0f, 0.6f, 0.6f);


        Camera cam1 = camGO1.AddComponent<Camera>();
        cam1.transform.position = main.transform.position;
        cam1.transform.rotation = main.transform.rotation;
```

```
        cam1.clearFlags = CameraClearFlags.SolidColor;
        cam1.backgroundColor=new Vector4(0.0f, 1.0f, 0.0f, 0);
        cam1.rect = new Rect(0.2f, 0.2f, 0.6f, 0.6f);

        Camera cam2 = camGO2.AddComponent<Camera>();
        cam2.transform.position = main.transform.position;
        cam2.transform.rotation = main.transform.rotation;
        cam2.clearFlags = CameraClearFlags.SolidColor;
        cam2.backgroundColor = new Vector4(0f, 0f, 1f, 0);
        cam2.rect = new Rect(0.4f, 0.4f, 0.6f, 0.6f);
    }
}
```

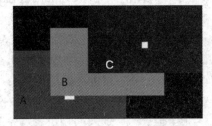

图 5-16　多相机之间的渲染覆盖

下面是 Camera 类的两个实例性质。

```
    public int targetDisplay;
    public RenderTexture targetTexture;
```

其中：

(1) targetDisplay：用于指定某个相机的显示器(用 Display 类描述)，最大值为 8。通过设置该参数可以实现场景的分屏显示。比如，如果有三个显示器，可以同时在代码中创建三个相机，给每个相机设定相应的显示器，显示器序号从 0 开始。

(2) targetTexture：用于将场景渲染到指定的纹理上面，即 targetTexture 上面，实现一些特效渲染。此时，相关的屏幕设定就无效。如果 targetTexture = null，则默认显示到屏幕上。

查看下面的 fvc_camera_multi_display 代码。在 Start 函数中用三个相机分别在三个不同的显示器中显示了同一个场景。结果如图 5-17 所示。在分显示器显示时要注意先启用多显示器功能。如下面的 Awake()函数，调用 Activate()启用显示器。

```
    public class fvc_camera_multi_display: MonoBehaviour {
        public GameObject camGO1;
        public GameObject camGO2;
        void Start () {
            Camera main = this.gameObject.GetComponent<Camera>();
```

```
        main.targetDisplay = 0;

        Camera cam0 =camGO0.AddComponent<Camera>();
        cam0.targetDisplay = 1;
        cam0.transform.position = main.transform.position;
        cam0.transform.rotation = main.transform.rotation;
        cam0.fieldOfView = 25f;
        cam0.rect = new Rect(0f, 0f, 0.7f, 0.7f);

        Camera cam1 = camGO1.AddComponent<Camera>();
        cam1.targetDisplay = 2;
        cam1.transform.position = main.transform.position;
        cam1.transform.rotation = main.transform.rotation;
        cam1.fieldOfView = 50.0f;
        cam1.rect = new Rect(0.3f, 0.3f, 1.7f, 1.7f);
    }
}
void Awake()
{
    for(int i=0;i<Display.displays.Length;i++)
    {
        Display.displays[i].Activate();
    }
}
```

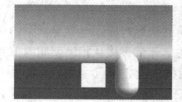

图 5-17　相机 main、cam0、cam1 所在的屏幕显示器场景

系统中设置了三个相机，每个相机设置了独立的显示屏。

```
public Rect pixelRect;
public int pixelWidth;
public int pixelHeight;
```

其中：

(1) pixelRect：用于相机视口的实际像素表示。

(2) pixelWidth：用于读取以像素为单位的相机视口宽度。

(3) pixelHeight：用于读取以像素为单位的相机视口的高度。

屏幕的像素分辨率是固定的，如果像素分辨率为(1680, 1050)，pixelRect 的 x 和 y 的取值应该分别在 0～1680 和 0～1050 之间。若 pixelRect 设定为(100, 100, 300, 200)，表示在 300×200 之内的范围显示场景，即 pixelWidth 为 300 − 100 = 200，pixelHeight 为 200 − 100 = 100。如果其宽高如果超过 1680 和 1050，比如为(600, 600, 1900, 1500)则所有内容压缩在(600, 600, 1680, 1050)区域，pixelWidth 为 1680 − 600 = 1080，pixelHeight 为 1050 − 600 = 450。

下面列出了相机的 2 个非常重要的矩阵。在设置好相机之后，我们可以读取这些矩阵进行相关计算。

```
public Matrix4x4 cameraToWorldMatrix;
ppublic Matrix4x4 worldToCameraMatrix;
```

其中：

(1) cameraToWorldMatrix：相机的只读性质，用于计算在相机空间中某个点的世界坐标。下面的代码在相机空间中建立一个点(0, 0, −1)，通过相机的 cameraToWorldMatrix 计算得到在世界空间下为 p = (0, 1, −9)。若相机的位置为(0, 1, −10)，由于相机空间的 z 方向与世界坐标的 Z 方向相反，所以得到(0, 0 + 1, −10 + 1) = (0, 1, −9)。

```
Matrix4x4 m = Camera.main.cameraToWorldMatrix;
Vector3 p = m.MultiplyPoint(new Vector3(0, 0, -1));
```

(2) worldToCameraMatrix：用于计算游戏对象在相机空间中的坐标。

实际应用中经常需要切换相机视口空间的坐标对应的世界坐标系的坐标，相关实例函数如下：

```
public Vector3 ViewportToWorldPoint(Vector3 position);
public Vector3 WorldToViewportPoint(Vector3 position);
```

其中：

(1) ViewportToWorldPoint：用于将计算相机视口空间的坐标对应到世界坐标系的坐标，该函数只是将形参的 x 和 y 分量进行变换，而相应的 z 分量直接从相机空间的值变换到世界坐标系下，其关系为：世界坐标系下 Z 分量 = 相机位置 Z 分量 + 相机坐标系下 z 分量。比如，下面的代码输出结果为(2.4, 2.4, −6.0)。输入的相机视口坐标的 z 分量为 4，将其直接转换到世界坐标下(长度的单位保持不变)，还是 4 个单位长度，因为相机的世界坐标(0, 1, −10)中 Z 分量为 −10，所以得到 Z = −10 + 4 = −6。

```
Camera camera = GetComponent<Camera>();
Vector3 p = camera.ViewportToWorldPoint(new Vector3(1,1,4));
print(p);
```

(2) WorldToViewportPoint()：用于将世界坐标变换到视口坐标，下面的代码中相机位置为(0, 1, −10)，输入的世界坐标系下 Z 分量等于 4，所以相机坐标下 z 分量 = 4 − (−10) = 14，代码输出结果为(0.6, 0.5, 14)。

```
Camera camera = GetComponent<Camera>();
Vector3 p = camera.WorldToViewportPoint(new Vector3(1,1,4));
print(p);
```

下面是 Camera 类与渲染路径相关的实例性质。

```
public RenderingPath actualRenderingPath;
public RenderingPath renderingPath;
```

其中：

(1)　actualRenderingPath：用于获取渲染管线当前实际所使用的渲染路径。

(2) renderingPath：用于设置项目渲染管线的渲染路径，其值可设置为：UsePlayerSettings(表示使用在项目设置中的参数)、VertexLit(表示旧顶点光照路径)、Forward(表示前向渲染路径)、DeferredLighting(表示旧延迟光照路径)和 DeferredShading(表示延迟着色路径)。需要说明的是，有时候指定的渲染路径与获取的渲染路径是不一致的，这是因为选择的平台有可能不支持所指定的渲染路径。

5.2.2　第一人称游戏和第三人称游戏

第一人称射击游戏(First Person Shooting，FPS)又称第一人称游戏，是指漫游场景的相机固定在玩家头顶上方，随着玩家在场景中的移动而遍历整个场景，如图 5-18 所示。此时的玩家称为第一人称玩家。

相机
玩家

图 5-18　第一人称游戏示意图

请读者尝试用胶囊状的三维形状做成一个玩家模型，添加眼镜和嘴部表示玩家的正方向。将场景中的主相机作为玩家对象的子节点，并调整相机相对玩家对象的位置(一般置于头顶)，然后调整相机指向玩家的前进方向。将下面的 fvc_first_player 代码组件添加到玩家游戏对象上。在 Start()函数中将主相机作为子节点添加到玩家游戏对象上，并添加相关输入控制，实现主相机相对于玩家的上下左右旋转，以调整视野。为了增加调整的平稳性，使用了 Mathf 中的 SmoothDamp()函数，其使用方法参见第 3 章的相关内容。至于对玩家的操控，请读者思考如何使用键盘输入进行添加，在 Update()函数中添加用于控制玩家的代码。fvc_first_player 代码中的[HideInInspector]为字段属性，用于在代码组件的检视图面板中隐藏该字段。

```
class fvc_first_player:MonoBehaviour{
    public Transform mainCamera;
    public float lookSensitivity = 2f;
    public float smoothTime = 0.5f;
    public float currentY, currentX;

    [HideInInspector]
    public float yRot, xRot;
    [HideInInspector]
    public float yRotationV, xRotationV;

    void Start () {
        mainCamera.position = new Vector3(0, 1, 0);
        mainCamera.SetParent(this.transform,false);
    }
    void LateUpdate () {
        yRot += Input.GetAxis("Mouse X") * lookSensitivity;
        xRot += Input.GetAxis("Mouse Y") * lookSensitivity;

        currentX = Mathf.SmoothDamp(currentX, xRot, ref xRotationV, smoothTime);
        currentY = Mathf.SmoothDamp(currentY, yRot, ref yRotationV, smoothTime);
        xRot = Mathf.Clamp(xRot, -80, 80);
        mainCamera.rotation = Quaternion.Euler(-currentX, currentY, 0);
    }
}
```

　　第三人称游戏(Third Person Game)指的是场景漫游时相应的相机不是附着在玩家身上，而是在玩家的旁边向下指向玩家角色，如图 5-19 所示。此时的玩家称为第三人称玩家(Third Person Player，TPP)。

　　　　　　　　　　　　　　图 5-19　第三人称游戏示意图

下面的 fvc_third_player 代码在 Start 函数中首先计算相机与玩家的间隔 offset，然后在 LateUpdate 函数中调用 LookAt 函数将相机始终指向玩家。将 fvc_third_player 代码组件添加到玩家对象上。运行程序，我们可以看到相机始终在玩家旁边的某个位置，并指向玩家，如图 5-20 所示。玩家角色在场景中的状况始终是可见的。

```
class fvc_third_player:MonoBehaviour{
    public Transform mainCamera;
    public float rotSpeed=1.5f;
    private float rotY;
    private Vector3 offset;
    void Start () {
        rotY = mainCamera.eulerAngles.y;
        offset=transform.position-mainCamera.position;
    }


    void LateUpdate () {
        float horInput = Input.GetAxis("Horizontal");
        if(horInput!=0){
            rotY += horInput * rotSpeed;
        }
        else{
            rotY += Input.GetAxis("Mouse X") * rotSpeed * 3;
        }
        Quaternion rotation = Quaternion.Euler(0, rotY, 0);
        mainCamera.position = transform.position - (rotation * offset);
        mainCamera.LookAt(transform);
    }
}
```

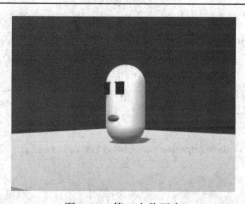

图 5-20　第三人称玩家

5.3 网格过滤器组件

网格过滤器(MeshFilter)组件用于处理游戏对象的网格数据，并将这些数据传递给网格渲染器(MeshRenderer)进行渲染之后显示到屏幕当中。所以，任何游戏对象都必须有这两个组件，才能在游戏场景中显示。比如，在场景中创建的胶囊游戏对象就自动添加了网格过滤器和网格渲染器，如图 5-21 所示。但是，如果往场景中添加空游戏对象(Empty GameObject)，则该游戏对象没有这两个组件。

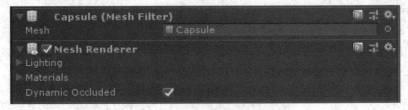

图 5-21　游戏对象的网格过滤器和网格渲染器

5.3.1　网格过滤器类

网格过滤器组件所对应的 C#类为 MeshFilter。下面我们逐一介绍 MeshFilter 的主要成员及其使用方法。

```
public Mesh mesh;
public Mesh sharedMesh;
```

其中：

(1) mesh：表示网格过滤器中的网格数据。当给游戏对象添加网格过滤器时，自动创建一个 Mesh 实例 mesh 给该网格过滤器。当我们首次使用网格过滤器的 mesh 时，网格过滤器会产生一个 mesh 的拷贝，并返回该拷贝给调用者，后续使用的网格过滤器的 mesh 都是该拷贝。

(2) sharedMesh：是某个模型的原始数据，是所有由该模型创建的游戏对象所共享的数据。如果在代码中改变了其中某个游戏对象的 sharedMesh 数据，则该游戏对象所对应的模型文件的网格数据也被改变，且不可逆转。同时所有与此模型对应的其他游戏对象也都被改变。所以，我们要慎重使用网格过滤器的 sharedMesh。

将下面的 fvc_mesh_instance 代码添加到一个正方体的游戏对象上，此时该游戏对象上的网格过滤器中的 mesh 显示的是 Cube 的一个拷贝实例，见图 5-22。正因为是网格的拷贝，所以改变网格数据时，不会影响到场景中其他由此正方体模型所创建的游戏对象。

```
public class fvc_mesh_instance : MonoBehaviour {

    void Start () {

        Mesh mesh = GetComponent<MeshFilter>().mesh;

    }

}
```

图 5-22　网格过滤器的网格拷贝实例

为了进一步说明网格过滤器中使用拷贝网格实例的问题，我们在 Assets/Models 下导入一个正方体模型，并由该模型在游戏场景中创建两个游戏对象 cube1 和 cube2。将下面的 fvc_mesh_change 代码组件添加到 cube1 上。

```
public class fvc_mesh_change : MonoBehaviour {
    // Use this for initialization
    void Start () {
        Mesh mesh = GetComponent<MeshFilter>().mesh;
        Vector3[] vecs = mesh.vertices;

        for (int i = 0; i < vecs.Length; i++){
            vecs[i].y *= 1.5f;
        }
        GetComponent<MeshFilter>().mesh.vertices = vecs;
    }
}
```

运行结果如图 5-23(a)所示。我们发现 cube1 变大，而 cube2 保持不变。如果将 fvc_mesh_change 的 mesh 换成网格过滤器中的 sharedMesh，其他都不变，再次运行，结果如图 5-23(b)所示，cube1 和 cube2 都被放大了。

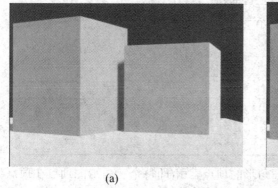
(a)
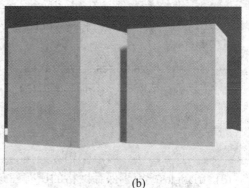
(b)

图 5-23　运行结果

5.3.2　网格类

网格过滤器组件中的网格用于保存模型的顶点、法线、纹理坐标和三角形网格等数据。游戏对象通过网格过滤器设置和管理这些数据，以创建或控制游戏对象的形状和外观。网格所对应的 C#类为 Mesh。下面我们逐一介绍 Mesh 类的主要成员，并给出它们的使用方法。

```
public Vector3[] vertices;
public int vertexCount;
public int[] triangles;
```

其中：

(1) vertices：用于保存 Mesh 对象的顶点数据，是一个 Vector3 类型的数组。

(2) vertexCount：用于获取网格的顶点数目。通过 vertices 可以读取或设置游戏对象的网格顶点。

将下面的 fvc_mesh_vertices 代码添加到场景中的某个游戏对象上，运行该代码，则代码所在的游戏对象沿着 y 轴方向缓慢上升。该代码首先用 Start()函数获取网格的顶点数组，然后在 Update()函数中将所有顶点沿 y 轴增加一个值，再将改变了的顶点数组赋给网格。

```
public class fvc_mesh_vertices_up: MonoBehaviour{
    Mesh mesh;
    Vector3[] vertices;
    void Start(){
        mesh = GetComponent<MeshFilter>().mesh;
        vertices = mesh.vertices;
    }
    void Update(){
        for (var i = 0; i < vertices.Length; i++){
            vertices[i] += Vector3.up * Time.deltaTime;
        }
        mesh.vertices = vertices;
        mesh.RecalculateBounds();
    }
}
```

(3) triangles：用于保存网格的所有三角形的顶点索引(即每个三角形的顶点在顶点数组中的索引)。

下面的代码演示了如何创建一个三角形游戏对象，如何给 Mesh 中的 triangles 赋值，以及如何自定义简单的几何体游戏对象。该代码首先创建一个 GameObject 的实例，并添加 MeshFilter 和 MeshRenderer 组件，然后给 MeshFilter 添加相应的网格数据。在 Start()函数中调用 CreateTriangle()，可以得到如图 5-24 所示的三角形游戏对象。要注意，在确定三角形顶点索引的时候，是按左手系排列顶点索引的，所以顶点数组为{0, 2, 1}。

```
public GameObject CreateTriangle()
{
    GameObject obj = new GameObject("Triangle");
    MeshFilter mf = obj.AddComponent<MeshFilter>();
    obj.AddComponent<MeshRenderer>();

    Mesh mesh = new Mesh();
    mesh.vertices = new[]{
            new Vector3(0,0,0),
            new Vector3(3,0,0),
            new Vector3(0,3,0)
    };
    mesh.triangles = new[] { 0,2,1 };
    mf.mesh = mesh;
    return obj;
}
```

图 5-24　创建三角形游戏对象

5.4　光　　照

　　光照(Lighting)是计算机图形学中非常重要的主体。光在空间传播过程中有反射、折射和衍射等特性，对这些基本特性的模拟一直以来都是计算机图形图像学的重要研究方向。通过完全模拟真实光线的物理过程来实现照片级真实感的渲染(Photo-realistic Rendering)，其计算量非常大，应用到实时系统中有一定难度。大多数三维图形引擎并不依赖于光子与物体的真实物理作用来实现图形的渲染，而是使用光照模型。

在 Unity 系统中，静态物体大多使用光照贴图来模拟间接光的照明效果，然后加上直接光源的动态照明效果来实现渲染。运动物体则仅用直接光源的动态照明效果，或者使用光照探针来模拟间接光源的照明效果。

5.4.1　颜色模型

颜色是描述光的一个基本参数。光线被物体反射得到反射光，反射光的频率确定了我们所感受到的物体的颜色。如果反射频率以低频为主，则物体呈红色。颜色模型是在某些特定条件下对颜色特性和行为的描述方法。计算机图形学研究者提出了多种颜色模型对颜色进行表述，但没有哪一种颜色模型能解释所有的颜色问题。RGB 模型和 HSV 模型是常用的颜色模型，也是 Unity 引擎采用的两种颜色表达模型，被使用在场景渲染和光照中。

1. RGB 颜色模型

RGB 颜色模型使用三种基色——红、绿、蓝，按其强度进行组合，生成另一种颜色。所生成的颜色用一个向量(r, g, b)表示。r、g、b 分别表示红、绿和蓝的强度，在 0～1 之间取值，生成的所有颜色可以用图 5-25 所示的立方体表示。立方体的八个顶点中，(0, 0, 0)表示黑色，(1, 1, 1)表示白色，(1, 0, 0)表示红色，(0, 1, 0)表示绿色，(0, 0, 1)表示蓝色。

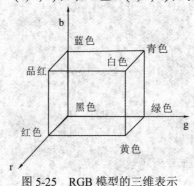

图 5-25　RGB 模型的三维表示

RGB 模型有一个显著的不足，就是用户很难建立起 r、g、b 的值与所对应颜色的直观联系。同时，对一种颜色的性质进行细微改变时效果也不明显。

2. HSV 颜色模型

HSV 模型是根据颜色的直观特性而建立起来的一种颜色模型。比起 RGB 颜色模型，HSV 模型可以更直观地进行颜色选择。H 表示色调(Hue)，用来区分不同的色系，比如区分红色和黄色、绿色和蓝色等；S 表示饱和度(Saturation)，用来区分颜色的纯度；V 表示颜色明亮的程度，称为明度值(Value)。

HSV 模型的三维表示如图 5-26 所示，六边形的边界表示不同的颜色；H = 0° 表示红色，H = 60° 表示黄色；沿水平轴表示色彩饱和度 S，在 0～1 之间变化，S = 1 表示纯色。通过六棱锥中心的垂直轴表示明度值，六边形平面的明度值最大，等于 1；锥顶表示黑色，六边形的中心表示白色。

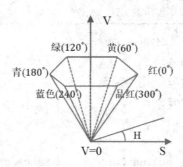

图 5-26　HSV 颜色模型的三维表示

3. Unity 中颜色的表达

Unity 采用所谓的 RGBA 模型来表达颜色，A 即 alpha 值，表示透明度。0 表示完全透明，1 表示完全不透明。所以，在 Unity 代码中我们可以用四维向量 Vector4(r, g, b, a)表示颜色，第四个分量 a 即为 alpha 值。在不涉及透明物体的渲染时，alpha 取值为 1 即可。下面的代码显示了 Unity 中颜色的表达。

```
Vector4 black = new Vector4(0,0,0,1);
Vector4 white = new Vector4(1,1,1,1);
Vector4 red = new Vector4(1,0,0,1);
```

Unity 也提供了一个专门的 Color 类来表示颜色，与 Vector4 可以相互转换。Color 类提供了一系列静态性质，用于表示一些常见的颜色。

```
public static Color black;     //(0, 0, 0, 1)黑色
public static Color white;     //(1, 1, 1, 1)白色
public static Color red;       //(1, 0, 0, 1)红色
public static Color green;     //(0, 1, 0, 1)绿色
public static Color blue;      //(0, 0, 1, 1)蓝色
public static Color yellow;    //(1, 0.922, 0.016, 1)黄色
public static Color gray;      //(0.5, 0.5, 0.5, 1)灰色
public static Color clear;     //(0, 0, 0, 0)完全透明
```

Color 类还提供了相应的实例性质，可读写某个颜色的 r、g、b、a 分量：

```
public float a;
public float r;
public float g;
public float b;
```

下面的 fvc_color 代码演示了 Color 类的基本使用方法。在 Start 函数中将游戏对象 go1、

go2 和 go3 分别设置为黄色、红色和蓝色。

```
public class fvc_color : MonoBehaviour {
    public GameObject go1;
    public GameObject go2;
    public GameObject go3;

    void Start () {
        Material mat1 = go1.GetComponent<MeshRenderer>().material;
        mat1.color = Color.yellow;
        Material mat2 = go2.GetComponent<MeshRenderer>().material;
        mat2.color = Color.red;
        Material mat3 = go3.GetComponent<MeshRenderer>().material;
        mat3.color = Color.blue;
    }
}
```

在颜色处理方面，线性(Linear)空间和伽马(Gamma)空间是两个重要概念。在真实世界，颜色亮度与光强是呈线性关系的，即光强增加一倍，亮度也随之增加一倍。但是人眼对光强的反应并不是线性的，实际上我们对明亮光的观察更为容易。所以线性渐变的光谱，在人眼看来不是线性的。显示器也具有与人眼类似的特征，若输入为线性渐变信号，则输出为非线性的渐变信号。这种非线性关系可以用 γ 次幂的表达式表示：

$$u' = u^\gamma \tag{5-3}$$

u 和 u′ 分别表示输入和输出信号，此时我们就说颜色输出到了伽马空间。为了补偿这个偏差，在输入显示器之前，信号需要做伽马校正，如图 5-27 所示。经过伽马校正(γ 值一般在 1.7～2.3 之间)之后，人眼的观察结果接近真实。在计算机图形学中，光照计算、着色器中颜色插值等数学模型都是建立在线性空间下的，称为线性颜色空间。线性变换代表真实物理世界的颜色变换。

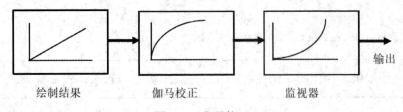

绘制结果　　　　伽马校正　　　　监视器　　　　输出

图 5-27　伽马校正

下面给出的 gamma 和 linear 分别是颜色的伽马校正值和线性化颜色值(即 gamma 矫正的逆)。

```
public Color gamma;
public Color linear;
```

下面的代码输出黄色的 RGBA 值为(1.000, 0.922, 0.016, 1.000)。而黄色经线性化之后再进行伽马校正，实际上还是黄色的 RGBA 值，所以 print(Gamma)输出为(1.000, 0.922, 0.016, 1.000)。

```
Color linear = Color.yellow.linear;
Color gamma = linear.gamma;
print(Color.yellow);//(1.000,0.922,0.016,1.000)
print(linear);//(1.000,0.831,0.001,1.000)
print(gamma);// (1.000,0.922,0.016,1.000)
```

下面给出的是 Color 类的 2 个静态函数。

```
public static Color Lerp(Color a, Color b, float t);
public static Color LerpUnclamped(Color a, Color b, float t);
```

其中：

(1) Lerp：用于对输入的两个颜色值进行线性插值，其意义与 Vector3 的 Lerp()函数一样。

(2) LerpUnclamped：用于对输入的两个颜色值进行线性插值，其意义与 Vector3 的 LerpUnclamped()函数一样。

渲染中使用的颜色空间可在 Gamma 和 Linear 之间进行选择。打开"Edit"→"Project Settings"→"Player"→"Other Settings"，其中有 Color Space 选项，默认是 Gamma 空间。如果 Color Space 使用 Linear 空间，则所有颜色和光照计算都在线性空间进行，所得到的结果最为真实。所以，如果需要高质量的渲染结果，可以使用 Linear 空间。

5.4.2 光源模型

在模拟光照效果中，需要认真分析并考虑场景中的环境光(Ambient)、反射光和发射光。环境光是来自周围四面八方的光，可以是自然界中的太阳光，也可以是周围人造灯的光。环境光没有确切的来源，是由光线经过周围环境物体表面多次反射后形成的。反射光又分为漫反射(Lambertian Reflection)和镜面反射(Specular Reflection)。漫反射光又称散射光，是由物体的粗糙表面将平行入射光向各个方向进行反射而形成的。这种散射光与观察者的位置无关，散射光往往作为环境光进行建模。镜面反射则与漫反射相反，是由物体的光滑表面将平行光向同一个方向进行反射而形成的。发射光是指由光源直接发射出来的光，也称直接照明，是所有光照模型中最容易实现的。发射光可以产生阴影。计算机图形学中有几种光源类型，可以粗略模拟现实中的各种光照效果，分别是定向光源(Directional light)、点光源(Point light)和聚光灯(Spot light)。

1. 定向光源

定向光源用于模拟离场景非常远的光源，比如太阳。其特点是光线平行照射，不考虑其光源位置，光源参数为照射方向、颜色和强度，如图 5-28 所示。由于距离遥远，因此光线强度不随距离增大而衰减。

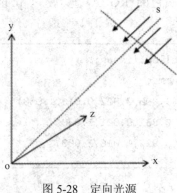

图 5-28　定向光源

2. 点光源

点光源是使用三维空间的一个点来模拟光源，是发光体最简单的模型。由于点光源可以向四周发射光线，所以没有方向的概念，其基本参数为光源位置、颜色和强度，如图 5-29 所示。点光源的光照强度以距离的二次方为系数衰减。当接近光源位置时，简单的二次方衰减模型会产生过大的强度变化；当距离很大时变化又太小。为了使点光源生成更具真实感的效果，可以用三个参数来模拟光强衰减。衰减函数如下：

$$f(d_1) = \frac{1}{a_0 + a_1 d_1 + a_2 d_1^2} \tag{5-4}$$

式中，d_1 表示光源的距离。通过调整系数 a_0、a_1、a_2 的值，可以得到场景中不同的光照效果。

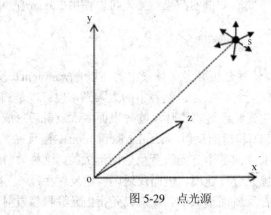

图 5-29　点光源

3. 聚光灯(spot light)

聚光灯用于模拟人工光源，比如手电筒和车灯等。聚光灯的计算量非常大。下面介绍一下聚光灯的数学原理。如图 5-30 所示，聚光灯位于位置 P，其方向由 L 矢量表示，我们需要计算光线照射到 S 表面的某个位置的光强。聚光灯的特点是光线都集中在一个锥体当中。为了便于模拟，将这个锥体分为内外两个区域，内区域由内锥角定义，在该区域光照强度是恒定的；外区域由外锥角和内锥角之差定义，该区域的光照强度急剧衰减。

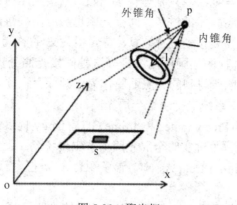

图 5-30　聚光灯

　　在定义聚光灯时，除了需要指明光源颜色和强度之外，还需要指定位置、方向向量和内外锥角。

5.4.3　阴影

　　一个没有阴影的场景看起来是不真实的，阴影加强了物体之间的空间关系。所以，在三维虚拟应用的场景构成中，阴影是非常重要的一环。场景中的光线被物体遮挡，从而形成阴影，如图 5-31 所示。在阴影的中间有一个黑色区域，称为本影(Umbra)，也称为硬阴影(Hard shadow)。在本影的边缘附近阴影开始减弱，形成一个较亮的区域，称为半影(Penumbra)。本影和半影合在一起形成所谓的软阴影(Soft shadow)。

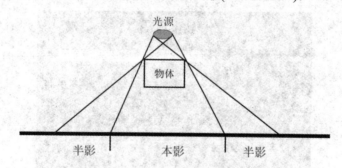

图 5-31　阴影的形成

　　要正确模拟阴影，除了必须考虑光源的大小外，还要进行光线跟踪的计算。这些计算非常复杂，且计算量大，在实时中使用较少。Unity 系统在灯光组件中封装了较为简单的阴影产生算法，结合游戏对象的网格渲染器的光照参数设置，可以非常快速地产生符合绝大多数情况的阴影效果。相关知识请参见灯光组件(5.4.5 节)和网格渲染器的光照设置(5.5.3 节)。

5.4.4　全局光照

　　在计算机图形中，全局光照(Global Illumination，GI)是一个非常重要的概念。全局光照可以通过模拟间接光照(Indirect Lighting)过程，创建出高质量的图形画面。

　　受计算能力的限制，早期游戏只处理直接光照，间接光照的计算仅用于非实时的应用中，比如动画电影等。随着技术的进步，间接光照也被应用到游戏中，但只针对游戏场景中的静态对象。间接光照需要预先进行计算，得到相关文件(称为光照贴图(Lightmap))，在游戏运行时调用该文件进行图形画面的渲染。这种间接光照处理技术称为烘焙全局光照(Baked GI)。烘焙全局光照所得到的光照贴图作为资源保存在项目中，在程序运行过程中文件数据保持不变。Unity 系统支持烘焙全局光照。

　　预处理实时全局光照(Precomputed Realtime GI)是 Unity 提供的一种与烘焙全局光照不同的全局光照处理技术。预处理实时全局光照不产生传统意义上的光照贴图，而产生一种所谓的光照数据资源(Lighting Data Asset)，该资源包含了在运行时用于产生和更新光照贴图的数据。

　　可以看出，烘焙全局光照无法处理运动物体的间接光照问题。Unity 引入了光探针(light Probe)技术，用于计算场景空间某个位置的光传输的信息。当运动物体通过场景空间时，利用探针获得的光照信息可以近似处理间接光在该运动物体上的光照。

　　本章的后续章节将会分别详细讲解 Unity 系统中光映射、预处理实时全局光照和光探针的使用方法。

5.4.5　灯光组件

　　Unity 系统利用通过空游戏对象添加灯光组件(Light)形成光源的方法模拟发射光。在新建一个 Unity 场景时，会自动添加一个名为"Directional Light"的游戏对象，其有一个灯光组件 Light，灯光组件参数面板如图 5-32 所示。

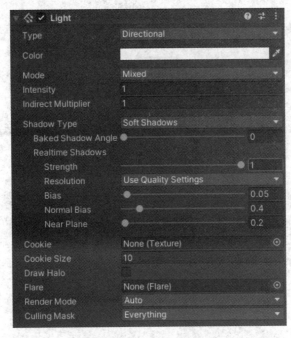

图 5-32　灯光组件参数面板

下面逐一介绍图 5-32 窗口中各参数的含义。

(1) Type：表示光源类型，有四个可选项，包括定向光源(Directional)、点光源(Point)、聚光灯(Spot)和区域光(Area)。前三种类型已在 5.4.2 节做过介绍，区域光(见图 5-33)是 Unity 引入的用于描述单面发光物体(如吸顶灯等)的光源类型，发光区域的形状可以是矩形或碟形。图 5-33 中的双向箭头表示发光区域。区域光不能用于实时光照，仅用于光照贴图烘焙。

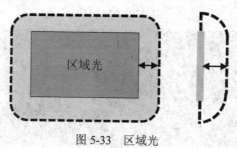

图 5-33　区域光

(2) Color：表示光线颜色。

(3) Mode：光照模式，用于指定光源的用途，有三个可选项，包括 Real time、Mixed 和 Baked。Real time 表示每帧计算并更新光照，缺省时只能处理直接光照，由于实时计算的计算量大，因此无法处理非直接光的光照效果；Mixed 表示实时光照和烘焙光照相结合；Baked 表示烘焙光照，即事先在编辑器中进行光照计算，得到光照贴图或光探针，将光照贴图和探针数据保存在文件中，实时运行时，系统读取这些数据进行场景渲染，得到光照效果。由于烘焙光照是预先计算好的，所以不能实时改变，同时也无法处理运动物体的阴影。

(4) Intensity：表示亮度，缺省值是 1。

(5) Indirect Multiplier：用于改变间接光的强度。如果取小于 1 的值，则每反射一次，间接反射光变暗，意味着反射次数越多，光线越暗。如果取大于 1 的值，则情况相反，每反射一次，光线变得更明亮。

(6) Shadow Type：用于设定光源是否产生阴影。如果产生阴影，则指定所产生的阴影是硬阴影还是软阴影。如果是前者，其阴影有清晰、尖锐的边沿，见图 5-34(a)；如果是后者，其阴影的边沿模糊，有一个明显的过渡，见图 5-34(b)。硬阴影的真实感要比软阴影差一些，但其运算效率较高。

(a) 硬阴影　　　　　　　　　　　　(b) 软阴影

图 5-34　Shadow Type 的阴影

在光照模式为 Mixed 或 Baked，阴影类型为软阴影时，Baked Shadow Angle 和 Baked Shadow Radius 这两个选项进一步改进阴影效果，用以增加柔软的阴影边沿。在光照模式为实时(Realtime)或混合(Mixed)时，下面几个选项用于改变实时阴影的渲染效果。Strength 改变阴影的明暗程度，在 0～1 之间，值越大阴影越暗，缺失值为 1。Resolution 是渲染分辨率，分辨率越高，阴影渲染效果越好，计算量也越大。Bias 是阴影偏移。增加阴影与光源之间的距离，可以解决阴影失真问题，如阴影锯齿或明暗条纹，如图 5-35 所示。Normal Bias 表示沿着阴影表面的法线方向调节偏移距离，也可以用于消除明暗条纹。Near Plane 设置一个光照裁剪空间，通过改变近剪切面，剔除某些物体，使其不产生阴影。

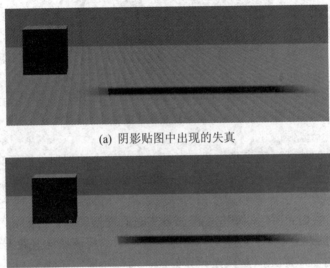

(a) 阴影贴图中出现的失真

(b) 调整阴影偏移量之后的正确阴影

图 5-35　阴影渲染

　　(7) Cookie：光照遮罩材质，用一个带 Alpha 通道的材质贴图来叠加光的明暗信息。类似于图 5-36 所示的光照的遮罩效果，用一个可以透光的挡板，在光照下，形成明暗分布的图案。可以根据需要，利用 Photoshop 等软件制作 Cookie 贴图。图片必须是灰度图，白像素表示透明，光线可以完全通过，黑像素表示完全遮挡，光线不能通过。在指定光照的 Cookie 纹理时，该纹理的类型必须设置为 Cookie。

图 5-36　光照的遮罩效果

　　(8) Draw Halo：勾选项，指明是否产生光环或光晕。光晕是由于光照下空气中的细微颗粒发生散射，而在光源周围产生亮区的现象，如图 5-37 所示。也可以用给游戏对象添加 Halo 组件的方法增加光晕效果。由于光晕形状只是球形，所以无法给其他形状的对象周边添加合适的光晕效果。

图 5-37 光晕现象

(9) Flare: 镜头眩光, 效果如图 5-38 所示。具体制作过程参见 5.5.5 小节。

(a) 添加镜头眩光   (b) 无镜头眩光

图 5-38 镜头眩光

5.4.6 光映射

光映射(Lightmapping)是计算物体表面光照信息的过程, 所获得的数据保存在光照贴图(Lightmap)中。在后续渲染中, 我们可以利用该光照贴图在场景中添加全局光照和阴影等效果。点击 "Window" → "Rendering" → "Light Settings" 打开光映射的参数设置面板, 如图 5-39 所示。

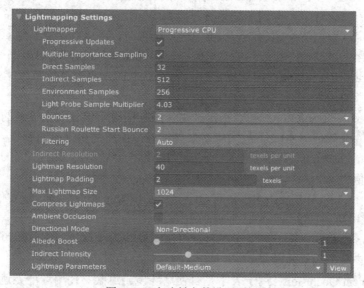

图 5-39 光映射参数设置面板

下面我们详细介绍光映射参数的含义。

(1) Lightmapper：光映射器，用于指明内部的光照计算方法。缺省时为渐进式光映射，有两个选项，分别是 Progressive CPU 和 Progressive GPU。前者使用系统的中央处理器(CPU)和随机存储器(RAM)进行计算；后者使用图形处理器(GPU)和视频随机存储器(VRAM)进行计算。渐进式光映射是基于光线跟踪算法的快速光映射技术，为烘焙光照贴图和光探针提供渐进式的更新。

(2) Progressive Updates：表明是否需要优先烘焙相机视景体范围内的场景的纹素(texel，也称图素)。如果勾选，就需要优先烘焙相机视景体范围内的场景的纹素，这样可以快速得到反馈，但会增加烘焙时间。如果不勾选，则表示全部场景所对应的烘焙纹素具有相同优先级别。

(3) Multiple Importance Sampling：勾选时可以使产生光照贴图的过程快速收敛。

(4) Direct Samples：控制渐进式光映射器。用于直接光照计算的取样数量，取值在 1～1 000 000 000 之间。值越大，烘焙所产生的噪声越小，但烘焙时间越长。

(5) Indirect Samples：控制渐进式光映射器。用于间接光照计算的取样数量，取值在 8～131 072 之间，缺省值为 512。值越大，烘焙效果越好，但烘焙时间越长。

(6) Environment Samples：用于指定来自天空盒的间接光取样数量，取值在 8～1 000 000 000 之间，缺省值为 256。

(7) Light Probe Sample Multiplier：用于指定光探针相对于光照贴图的取样数量(即直接光取样、间接光取样和环境光取样数量)的倍数，缺省值为 4。光探针取样空间要大于光照贴图所需的取样数量。该取值越大，光探针计算所得的光照效果越好，但烘焙时间越长。

(8) Bounces：用于指定间接光反射次数。反射次数越多，光线路径越长，所需计算量越大。大多数情形下，取值为 2 便可获得很好的计算结果。

(9) Russian Roulette Start Bounce：最新引入的技术，在光线跟踪算法中采用随机方法(俄罗斯轮盘法)结束光线反射。该技术可以较大幅度减少烘焙时间，默认为 2。

(10) Filtering：用于指定光映射器在执行环境光遮蔽(Ambient Occlusion，AO)中过滤噪声的模式，有三个选项，分别是 None(不过滤噪声)、Auto(根据硬件设备自动配置过滤器，缺省时使用高斯过滤器)和 Advanced(使用该选项时，可以有针对性地对不同烘焙对象分开配置所使用的过滤器，比如环境光遮蔽、直接光照和间接光照。)。

(11) Indirect Resolution：用于指定 Enlighten 全局光照中单位长度上纹素的数目。Enlighten 方法将被弃用。

(12) Lightmap Resolution：用于指定产生光照贴图时单位长度上纹素的数目，即光照贴图的分辨率。缺省值为 40，值越大烘焙效果越好，但所需烘焙时间越长。

(13) Lightmap Padding：用于指定光照贴图中每个 UV 平铺(Tile)之间的间隔，以纹素为单位，默认值为 2。

(14) Max Lightmap Size：用于指定单个光照贴图大小的最大值，缺省值为 1024 个像素，分辨率为 1024 × 1024。

(15) Compress Lightmaps：用于表示是否压缩光映射纹理。压缩纹理可以节省存储空间，但有可能产生人为视觉效果。

(16) Ambient Occlusion：用于表示是否使用环境光遮蔽。使用环境光遮蔽时，光映射器会近似计算物体表面环境光的强度，在场景中有凹陷、缝隙或空洞的地方会呈现暗色，所产生的渲染效果更加真实。

(17) Directional Mode：用于控制光映射器是产生方向(Directional)还是非方向(Non-directional)光照贴图。方向光照贴图额外保存了每个纹素位置的入射光线的方向，所以可以改善法向贴图的渲染效果。

(18) Albedo Boost：表面反照率强度，该值影响光线每次反射之后的能量。在 0~10 之间取值，默认值为 1。

(19) Indirect Intensity 为取值在 0~5 之间的系数，用于调节间接光照的亮度。当取值小于 1 时减小间接光照亮度，大于 1 时加大间接光照的亮度。

(20) Lightmap Parameters：用于选择一组预定义的参数配置光照贴图，按分辨率的高低分为四组，分别是非常低(Very Low)、低(Low)、中等(Medium)和高(Hight)。

上面参数封装在 C#类 LightingSettings 中。我们可以通过编程，给指定的场景设置光照参数。接下来，我们讲解在 Unity 编辑器中进行烘焙的基本过程。

(1) 对场景中要使用的网格模型设置其导入参数。选中模型，在检视图的最下方勾选"Generate Lightmap UVs"，产生光照贴图坐标。图 5-40 显示了有关产生光照贴图坐标的高级选项。

① Hard Angle 表示相邻三角形之间夹角的一个阈值，超过该阈值，则相邻三角形之间的边当做硬边，不做光滑处理，默认值为 88。

② Angle Error 是角度误差，表示 UV 角度与原始几何角度的最大偏差，用于控制 UV 空间下三角形与原始几何空间之间的相似度。该值为百分比值，应该设置为足够小，默认为 8%。

③ Area Error 是面积误差，表示 UV 空间下三角形面积与原始几何空间下三角形面积之间的偏差，是百分比值，默认为 15%；该值越大，得到的 UV 贴图碎片越少。

④ Margin Method 是边沿处理方法，可以是手工处理或计算处理。

⑤ 当边沿处理采用手工方法时，Pack Margin 用于控制相邻图片之间的间隔，单位为像素，默认值为 4。光照贴图包含了图片边沿的光照信息，所以应该在图片之间保留一定的间隔。

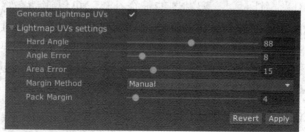

图 5-40　产生光照贴图坐标的设置

(2) 进入光映射设置窗口进行相关设置。比如，将光映射器设置为渐进式 CPU 或渐进式 GPU，设置光照贴图的分辨率。

(3) 进入游戏对象的网格渲染器检视图，勾选"Lighting"下的"Contribute Global Illumination"选项，Unity 会将该游戏对象加入光照贴图中。

(4) 点击"Window"→"Rendering"→"Light Explore"，打开光源浏览窗口，如图 5-41 所示。该窗口集中了光源(Light)、反射光探针(Reflection Probes)、光探针(Light Probes)、

静态发光(Static Emissives)的参数设置。我们可以在此处设置光源的使用情况，包括光源是否可用(Enabled)、类型、模式、颜色、强度、间接光倍数和阴影类型。当然，我们也可以通过光源游戏对象所对应的检视图面板来进行这些参数的设置。

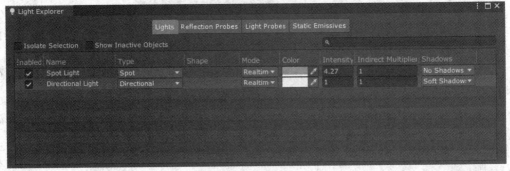

图 5-41　光源浏览窗口

(5) 重新打开光照设置窗口，点击"Generate Lighting"按钮进行烘焙。烘焙结束之后，在场景所在的文件夹中自动产生一个名为"LightMap"的文件夹，存储生成的光照贴图，如图 5-42 所示。

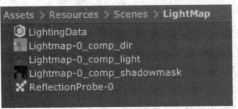

图 5-42　烘焙生成的文件

5.4.7　光探针组组件

尽管使用光照贴图可以大大提升场景的真实程度，但是它有一个缺点，那就是场景中非静态物体的渲染会不太真实。与光映射不同，光探针(Light Probe)保存的是光线在空间传播的信息。使用光探针是对光照贴图的一个补充，可以让动态物体在烘焙好的场景里面呈现出受到光的照射效果。对移动物体进行实时光照贴图是不可能的，但是通过使用灯光探测器可以模拟达到类似的效果。一般来说，光探针技术主要用于两个方面：一是给场景中的运动物体添加反射的间接光，以此得到高品质的光照效果；二是当使用 Unity 的多细节层次(LOD)时用于提供静态场景的光照信息。

1. 光探针系统的搭建

如何搭建光探针系统，有两个步骤。

(1) 弄清楚在场景中哪个位置放置光探针？一般来说，主要考虑这样几个区域：

① 在场景中光线变化明显的地方放置光探针，比如从光照到阴影的过渡区域。

② 要通过烘焙光照的运动物体。

③ 颜色剧烈变化的区域。

(2) 点击"GameObject"→"Light"→"Light Probe Group"，新建光探针组(Light Probe Group)游戏对象，如图 5-43 所示。图中不同位置的小球是场景中设置的光探针，每个光探针记录了该位置的光照信息。光探针组游戏对象自带一个光探针组组件，其参数面板见图 5-44。点击"Edit Light Probes"进入探针编辑状态(默认状态时，面板中的参数设置不可用)。

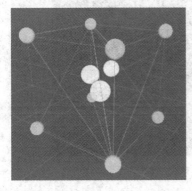 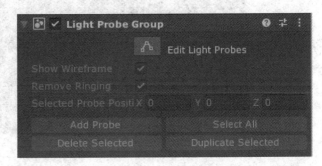

图 5-43 光探针组(Light Probe Group)游戏对象   图 5-44 光探针组组件

图 5-44 中的参数含义介绍如下：

① Show Wireframe：表示是否显示探针之间的连线。

② Remove Ringing：表示是否移除探针上的光振铃现象。光振铃现象一般是由光探针周边强烈的光差引起的。

③ Selected Probe Position：表示当前被选中的探针的位置。被选中的探针显示为蓝色，没有被选中的探针为黄色。

④ Add Probe：表示往当前探针组添加一个探针。

⑤ Select All：表示全选该探针组的所有探针。

⑥ Delete Selected：表示删除选中的探针。

⑦ Duplicate Selected：表示复制选中的探针。

2. 光探针的使用

我们举例讲解光探针的使用过程。

(1) 如图 5-45(a)所示，设计一个实时光照场景，在场景的左右两边放置两个点光源，其光组件的 Mode 设置为 Mixed。在场景中央放置一个长方体游戏对象。图 5-45(b)展示了运行结果，可以看出在两个光源之间形成了一个阴影区域，而长方体只接收直射光照。

(a) 实时光照场景

(b) 运行结果

图 5-45 光探针组的使用

　　(2) 在图 5-45(a)的基础上，在长方体游戏对象所在的区域添加光探针组，如图 5-46(a)所示。点击"Window"→"Rending"→"lighting"，打开光照窗口(lighting)，然后点击"Generate Lighting"按钮进行光照烘焙，得到图 5-46(b)所示的资源文件。运行程序，结果如图 5-46(c)所示。比较图 5-45(b)和图 5-46(c)，可以看到，使用了光探针技术之后，光源之间的阴影变明亮了一些，长方体由于接收了间接光照，侧面也可见。

　　使用上述介绍光探针技术的渲染器在计算某个探针所在位置的光照信息时，是将该探针的值与周围多个探针的值进行插值计算所得到的。这样得到的游戏对象表面所受的环境光照，缺乏空间渐变效果。对于大型游戏对象来说，这种效果更加明显。此时一般要用所谓的光探针代理体(Light Probe Proxy Volume)方法取代前面介绍的基于插值的光探针技术。

(a) 场景及光探针设计

(b) 光照烘焙所得到光照资源文件

(c) 运行结果

图 5-46　光探针组的使用

5.4.8　眩光效果

本小节根据上面介绍的 Light 组件知识制作一个简单的镜头眩光，其步骤如下：

(1) 新建一个名为 SunFlare 的场景。

(2) 在该场景中添加若干模型，比如植物。

(3) 给 Main Camera 添加 Flare Layer 组件。

(4) 为了方便项目资源的管理，建立 effects/flares 文件夹，在 flares 文件中点击右键 "Create" → "Lens Flare" 创建 flare 资源，将该资源命名为 Sun。按图 5-47 设置 Sun 文件的参数。

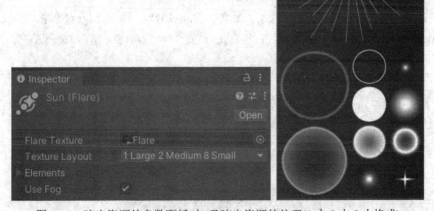

图 5-47　眩光资源的参数面板(左)及眩光资源的纹理(1 大 2 中 8 小格式)

眩光资源参数面板的参数介绍如下：

① Flare Texture：用于指定 flare 资源的纹理，该纹理包含了多个不同的图像，这些图像按照 Texture Layout 的格式进行排布。

② Texture Layout：用于指定纹理的图片布局，如图 5-48 所示的 6 种布局格式，从左到右分别为：1 大 4 小(1 Large 4 Small)、1 大 2 中 8 小(1 Large 2 Medium 8 Small)、单独图片(1 Texture)、2 乘 2 方格(2×2 Grid)、3 乘 3 方格(3×3 Grid)和 4 乘 4 方格(4×4 Grid)。每个格式都有从零开始的序号，用以标明单元。

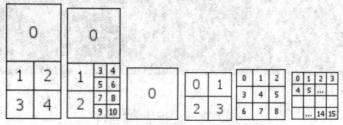

图 5-48　眩光资源的纹理布局

③ Elements：指明该 flare 资源使用的纹理单元，每个单元的参数如图 5-49 所示。Image Index 是该单元使用的图片的序号。Position 表示从游戏对象位置到屏幕中心的连线上的图片位置，0 表示在游戏对象位置，1 表示在屏幕中心位置。Size 表示该单元的大小。Color 表示该单元使用的颜色色调。Use Light Color 表示眩光是否受光照颜色的影响。Rotation 表示当眩光在屏幕中移动时，该单元是否自转。勾选 Zoom 项表示该单元会在可见时按比例扩大，在不可见时按比例缩小。勾选 Fade 项表示该单元会在可见时逐渐增强(淡入)，在不可见时逐渐减弱(淡出)。勾选 Use Fog 项表示此眩光会受远处雾气的影响而减弱，常用于较小的眩光。

图 5-49　眩光单元的参数面板

(5) 在场景中添加一个空游戏对象，命名为 FlareLight。添加 Light 组件，"Component" → "Rendering" → "Light"，将该组件的 Type 设置为聚光灯(Spot)，Flare 设置为在(4)步骤制作的 Sun 眩光资源。

(6) 运行游戏，得到的结果如图 5-50 所示。

图 5-50　眩光效果

5.5　网格渲染器组件

网格渲染器(MeshRenderer)是 Unity 中负责游戏对象渲染的组件,依赖于所使用的材质及光照。图 5-51 给出了与网格渲染器相关的其他渲染环节。各种着色器作为 Unity 渲染管线的一部分,执行渲染中的各种计算。网格渲染器和网格过滤器是场景中可视游戏对象的核心组件。网格过滤器中的网格包含了游戏对象的所有几何数据,确定了游戏对象的几何外形。网格渲染器依赖于材质,而材质必须指定相应的着色器。纹理作为材质非常重要的元素,在提高渲染的逼真程度方面发挥着重要作用。

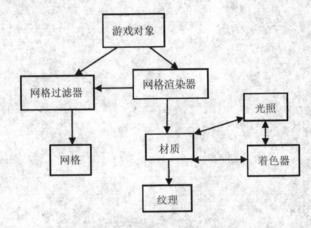

图 5-51　Unity 中与渲染相关的环节及其关系

网格渲染器的检视图面板如图 5-52 所示。由于网格渲染器与颜色、纹理、材质和光照密切相关,所以我们先介绍颜色、纹理、材质和光照的基本知识,再进一步说明 MeshRenderer 的相关知识及其使用方法。

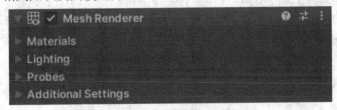

图 5-52　网格渲染器的检视图面板

5.5.1　纹理

纹理(Texture)实际上就是图片,在游戏开发中经常被应用于诸如界面 UI、Mesh 模型、粒子效果和地形等方面,以增加视觉效果。还有一些特殊的纹理,如视频纹理(Movie Texture)和渲染纹理(Render Texture)。Unity 将 Assets 下的所有图片文件识别为纹理。纹理作为图片文件,有多种格式。Unity 支持的格式有 BMP、EXR 、GIF、HDR、IFF、JPG、PICT、PNG、PSD、TGA 和 TIFF。三维图形硬件需要将纹理按一定的格式进行压缩和优化,以便进行快速纹理取样。不同平台和硬件都有它们自己所支持的压缩格式。为了管理方便,一般在 Assets 下创建 Textures 文件夹，将所有纹理图片导入到该文件夹中。

单击纹理，在 Inspector 中出现纹理的属性面板，如图 5-53 所示。

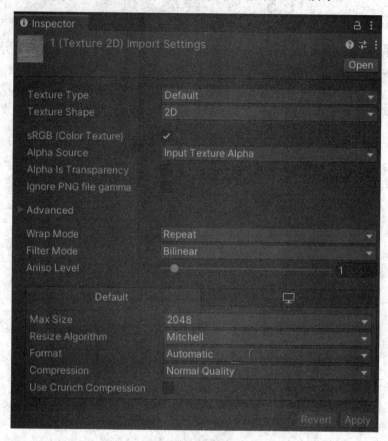

图 5-53　纹理参数设置面板

图 5-53 中的参数含义介绍如下：

(1) Texture Type：表示纹理类型，可选项有 Default(大多数情况下我们选用默认即可)、Normal Map(将颜色通道设定为适合实时法线贴图)、Editor GUI(用于 HUD 或 GUI 控件)、Sprite(用于二维游戏模型)、Cursor(用于定制鼠标光标)、Cookie(用于光照效果中的遮罩)、Lightmap(用于光照贴图和烘焙贴图)和 Single Channel(只是使用纹理中的一个通道)。

(2) Texture Shape：表示纹理形状，有两种选项，分别是 2D(表示二维纹理，用于大多数情形下，将纹理映射到物体的三维网格上)和 Cube(将纹理定义为立方体映射，用于天空盒和反射探测)。

(3) sRGB：表示纹理使用标准 RGB 颜色模型，是默认选项，在 Gamma 颜色空间下，该选项不会造成区别。

(4) Alpha Source：用于指定纹理的 alpha 通道如何产生，有三种选项，分别是 None(不使用 alpha 通道)、Input Texture Alpha(使用纹理自带的 alpha 值)和 From Gray Scale(从纹理的 RGB 值的均值计算 alpha)。

(5) Alpha is Transparency：勾选项，在纹理使用了透明的 alpha 通道的情形下，勾选此项进行颜色预处理以避免纹理过滤的瑕疵。

(6) Ignore PNG file gamma：勾选项，勾选此项忽略 PNG 格式纹理中的 gamma 属性。

(7) Wrap mode：表示纹理的拼接模式，有三种选项，分别是 Repeat(重复模式，将贴图重复平铺到物体表面，为缺省模式)、Clamp(强制拉伸，将纹理拉伸以覆盖物理表面)、Mirror(纹理按 UV 的整数值进行镜像排列)。

(8) Filter Mode：过滤模式，可以改善贴图远近的锯齿效果，调整贴图画质。当纹理由于三维变换进行拉伸时，可以有三种过滤插值方法：Point(单点插值，一般用于近距离的模糊或者锯齿)、Bilinear(双线性插值，纹理将变得模糊)和 Trilinear(三线性插值，类似 Bilinear，但是纹理还会在不同的 mip 水平之间进行模糊，远近都可以得到很好的显示)。

(9) Aniso Level：用于调整斜着观察纹理时的视觉品质，比如地面或地板上的纹理。

(10) Max Size：用于设置纹理大小的最大值。理想情况下，纹理的长和宽应满足 2 的 n 次方(2，4，8，…，1024，2048)。要注意的是，给定平台能支持的最大纹理长宽是有规定的。Unity 允许导入的最大纹理为 8k，即 8192×8192。Unity 也支持非 2^n 大小的纹理，但需要更多的内存和计算量进行取样处理，所以尽量将纹理处理为 2^n 要求的大小。

纹理通过材质 Material 添加到游戏对象上。设计并制作好纹理图片之后，导入 Assets，通过材质检视图的 Albedo 值将指定的纹理关联到材质，最后将材质设定给相应的游戏对象渲染器。有关材质的相关知识，参见 5.6.2 节。

表示二维纹理的 C# 类为 Texture2D，下面是创建纹理实例对象相关的主要函数。

```
public Texture2D(int width, int height);
public Texture2D(int width, int height, TextureFormat textureFormat, bool mipChain);
public Texture2D(int width, int height, TextureFormat textureFormat = TextureFormat.RGBA32,
                bool mipChain = true, bool linear – false);
public void SetPixel(int x, int y, Color color);
public void SetPixels(Color[] colors, int miplevel = 0);
public void Apply(bool updateMipmaps = true, bool makeNoLongerReadable = false);
```

下面的代码演示了 Texture2D 类的函数的基本使用方法。利用上面的第一个构造函数，输入纹理的宽和高度(像素的个数)，创建一个空纹理，并将该纹理赋给游戏对象的材质。其他两个 Texture2D 的构造函数指定纹理格式及是否使用 mipmap 技术。

```
Texture2D texture = new Texture2D(128, 128);
Renderer rend = GetComponent<Renderer>();
rend.material.mainTexture = texture;
```

参见下面的 fvc_texture 代码，在 Start 函数中先建立 Texture2D 对象，然后将其设置给游戏对象的材质。调用 SetPixel()函数设置纹理在(x, y)处像素的颜色，再通过 Texture2D 的 Apply()函数，将设置好的像素颜色实际应用到系统中。将 fvc_texture 代码添加到立方体游戏对象上，运行程序，得到如图 5-54 所示的结果。

```
public class fvc_texture : MonoBehaviour {
    void Start () {
        Texture2D texture = new Texture2D(128, 128);
        Renderer rend = GetComponent<Renderer>();
        rend.material.mainTexture = texture;
        for (int y = 0; y < texture.height; y++) {
            for (int x = 0; x < texture.width; x++){
                Color color = ((x & y) != 0 ? Color.blue : Color.green);
                texture.SetPixel(x, y, color);
            }
        }
        texture.Apply();
    }
}
```

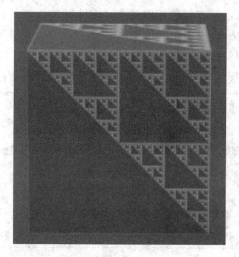

图 5-54　fvc_texture 的运行结果

　　纹理映射(Texture Mapping)也称纹理贴图，是将纹理贴到三维物体表面的过程。将纹理映射和光照计算相结合，可以产生非常真实的视觉效果。纹理映射的用途非常广泛，同时也是一个涉及面广且复杂的课题。通过网格顶点的 UV 坐标，我们可以指定物体表面的贴图。以立方体的六个表面为例，将图 5-55 所示的纹理图片映射到立方体上面。使用纹理过程的默认参数时，得到图 5-56(a)所示的结果。将材质的 Tilling 参数设置为(0.25, 0.5)时，得到图 5-56(b)的结果。在图(b)的基础上，将材质的 Offset 参数设置为(0.666, 0.5)，得到图 5-56(c)的结果。如果要将图 5-55 纹理中的不同部分，即数字 1、2、3、4、5、6 所在部分，分别贴到立方体的 6 个不同表面上，则需要逐一设置立方体顶点的 UV 坐标，参见下面的 fvc_cube_texture 代码，将代码添加到立方体游戏对象上，运行程序，得到如图 5-57 所示的结果。

```
public class fvc_cube_texture : MonoBehaviour{
    void Start(){
        MeshFilter mf = GetComponent<MeshFilter>();
        Mesh mesh = mf.mesh;
        Vector2[] uvs = mesh.uv;
        //1
        uvs[0] = new Vector2(0, 0);
        uvs[1] = new Vector2(0.333f, 0);
        uvs[2] = new Vector2(0.0f, 0.5f);
        uvs[3] = new Vector2(0.333f, 0.5f);
        //3
        uvs[8] = new Vector2(0.666f, 0f);
        uvs[9] = new Vector2(1f, 0f);
        uvs[4] = new Vector2(0.666f, 0.5f);
        uvs[5] = new Vector2(1f, 0.5f);
        //6
        uvs[10] = new Vector2(1,1);
        uvs[11] = new Vector2(0.666f, 1f);
        uvs[6] = new Vector2(1, 0.5f);
        uvs[7] = new Vector2(0.666f, 0.5f);
        //2
        uvs[12] = new Vector2(0.333f, 0f);
        uvs[15] = new Vector2(0.666f, 0f);
        uvs[13] = new Vector2(0.333f, 0.5f);
        uvs[14] =  new Vector2(0.666f, 0.5f);
        //5
        uvs[16] = new Vector2(0.333f, 0.5f);
        uvs[17] = new Vector2(0.333f, 1f);
        uvs[18] = new Vector2(0.666f, 1f);
        uvs[19] = new Vector2(0.666f, 0.5f);
        //4
        uvs[20] = new Vector2(0, 0.5f);
        uvs[21] = new Vector2(0.333f, 0.5f);
        uvs[22] = new Vector2(0.333f, 1f);
        uvs[23] = new Vector2(0f, 1f);
        mesh.uv = uvs;
    }
}
```

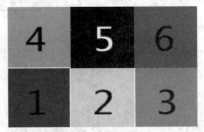

图 5-55　纹理图片

(a)　　　　　　　　　　(b)　　　　　　　　　　(c)

图 5-56　立方体的纹理映射

图 5-57　立方体表面的贴图

　　Unity 提供了一个工具包 ProBuilder，可以快速实现材质编辑和纹理映射。由于篇幅限制，本教程不对 ProBuilder 的使用进行讲解，读者可以通过 Unity 的包管理器下载并安装此工具包，自行学习 ProBuilder。

5.5.2　材质

　　材质(Material)是影响渲染效果的物体属性，是决定物体在屏幕上显示效果的核心部分。材质可以看成是物体真实材料和某些可视属性的结合体，这些可视属性包括色彩、纹理、光滑度、透明度、反射率、折射率和发光度等。可以看出材质与光照有紧密关联。

　　Unity 引擎的材质资源专门用于实现物体的渲染效果，该资源实质上就是一个绑定器

(Wrapper)，绑定了一个着色器(Shader)以及相关属性。着色器相当于一段 GPU 指令，表述如何计算指定材质的颜色，不同材质可以共享一个着色器。

在 Project 面板上点击右键，选择"Create"→"Material"，即可创建新材质。为了便于管理，一般在 Project 面板下的 Assets 目录中新建一个文件夹 Materials，用以保存所有的材质。选中某个材质资源，在 Unity 编辑的检视图窗口中显示该材质对应的着色器面板，如图 5-58 所示。需要说明的是，Unity 可以做一些物体表面材质的设计，但其功能无法与专业三维建模软件相比。建议读者通过三维建模软件进行材质的开发，然后将做好的材质导入 Unity 即可。

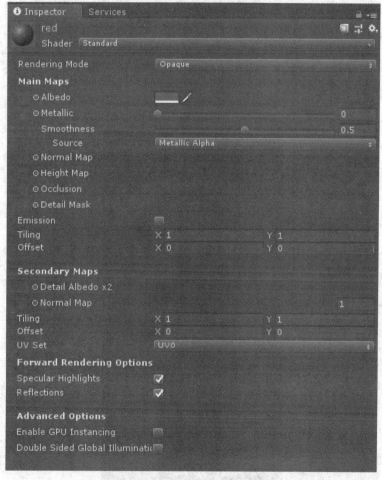

图 5-58　材质的着色器面板

下面就图 5-58 所示的材质着色器面板上的各个选项做进一步的说明。

(1) Shader：表示材质所对应的着色器，选用"Standard"表示使用 Unity 自带的着色器系列，也可以使用自定义的着色器。

(2) Rendering Mode：表示渲染模式，用于进一步确定着色器类型。在 Standard 着色器下，有四种类型：Opaque(适用于不带透明效果的物体材质)、Cutout(表示在透明和不透明区域之间具有尖锐边沿，比如一些镂空现象)、Fade(用以表示材质的透明值逐渐改变)和 Transparent(表示透明效果)。

(3) Albedo：反照率，表示材质对白光的反射能力，是材质的散射、反射、折射和半透明成分的总和。Unity 在此快速创建基于色彩的纹理，也称为反照率贴图(Albedo Map)，用于控制物体表面的基色。点击图 5-58 中 Albedo 右边的方框可以打开颜色选取框，如图 5-59 所示。在颜色选取框中可以选取两种颜色模型：RGB 和 HSV，我们使用 RGB 0-1 模型。分别设置 RGB = (0, 0, 0)、(0.3, 0.3, 0.3)、(0.6, 0.6, 0.6)、(0.9, 0.9, 0.9)、(1.0, 1.0, 1.0)，得到如图 5-60 所示的从纯黑到纯白色的渐变过程。在选取颜色时，除了相应的 RGB 值之外，还有个 alpha 值，用于控制透明度，其值在 0～1 之间变化，如图 5-61 所示，可以看到 alpha 越小越透明。在 Opaque 渲染模式下 alpha 值不起作用。给材质的 Albedo 值指定某个颜色之后，将该材质从"Assets"→"materials"文件夹下拖拽到指定物体上，可以改变物体表面颜色，如图 5-62 所示。仅仅通过颜色改变 Albedo 值是不够的，大部分情况下必须使用纹理。点击 Albedo 旁边的小圆圈，可以从 Assets 中选择纹理，给材质添加纹理。颜色和纹理同时叠加到物体表面，可以得到不同的渲染效果，如图 5-63 所示。

图 5-59　颜色选取框

图 5-60　Albedo 值从 0 到 1 的变化

图 5-61　Albedo 的透明值，从左到右从 0 逐渐增加到最大值 1

图 5-62　使用不同颜色值的材质

图 5-63　不同底色下的表面纹理

(4) Metallic：表示材质处于金属模拟工作流(metalness workflow)下。金属模拟工作流与镜面反射工作流(specular workflow)是两种处理光反射的不同模式，前者使用金属模拟的外观，而后者使用镜面模拟的外观。无论是否为金属材质，都可以设定为金属工作流模式，在此模式下，Unity 提供了一个名为 Metallic 的"金属光泽值"，在 0~1 之间取值，用以描述物体表面的光反射效果。金属光泽值越大，表示材质越具有金属质感，光线大部分以镜面反射，而 albedo 设定的基色看到的越少。当金属光泽值为 1 时，表面颜色完全由环境的反射所决定，如图 5-64(a)所示。反之，金属光泽值越小，材质的 albedo 颜色看得更清楚，在表面颜色之上的面反射在各个方向都可见，如图 5-64(b)所示。

(a) Metallic = 1　　　　　　　　(b) Metallic = 0

图 5-64　金属光泽值

(5) Smoothness：物体表面材质的光滑度，其值在 0~1 之间调节。Smoothness 的值低时表示表面粗糙、光线在表面漫反射；当 Smoothness 的值高时表示表面光顺，光线在表面镜面反射。图 5-65(a)所示的球体 Smoothness 取值为 0，图 5-65(b)所示的球体 Smoothness 取值为 0.73。

(a) 取值为 0　　　　　　　(b) 取值为 0.73

图 5-65　材质的 Smoothness 参数取值

（6）Source：选择纹理通道保存 smoothness 值。

（7）Specular Highlights：用于选择是否使用高光。高光效果与选用的 Smoothness 值以及着色器是 Metallic 的还是 Specular 的有关。如图 5-66(a)所示，显示 Metallic 着色器，当 smoothness = 0.6 时，Highlights 的选用效果如图 5-66(b)所示。

(a) 没有高光　　　　　　　　(b) 选用高光

图 5-66　高光效果

（8）Reflections：环境光反射开关，属于性能优化选项。如果勾选则表示使用环境光反射，效果如图 5-67(a)所示，否则取消环境光反射，效果如图 5-67(b)所示。

(a) 有环境光反射　　　　　　(b) 无环境光反射

图 5-67　环境光反射效果

按上面的参数设置好材质之后，可以直接将材质拖曳到网格渲染器的材质框中，如图 5-68 所示。面板上的 Size 用于指定网格渲染器所使用的材质数量。在模型制作时，可以对模型网格中的多个子网格设置不同材质，如图 5-69 所示，此时 Size = 2。

图 5-68　网格渲染器的材质

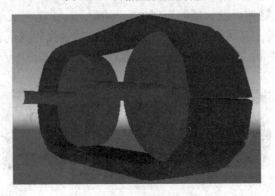

图 5-69　使用多材质的模型

网格渲染器组件对应的 C# 类为 MeshRenderer。下面的 fvc_multi_materials 代码演示了模型中子网格的材质颜色的动态变化。

```
public class fvc_multi_materials : MonoBehaviour{
    Material[] materials;
    void Start(){
        MeshRenderer mr = GetComponent<MeshRenderer>();
        materials = mr.materials;
    }
    void OnMouseEnter(){
        StartCoroutine(ChangeColor());
    }
    IEnumerator ChangeColor(){
        for(int i=0;i<10;i++){
            Color color = new Color(i*0.1f, 0, 0, 0);
            materials[1].color = color;
            yield return new WaitForSeconds(1.5f);
        }
    }
}
```

我们可以使用 Unity 提供的封装材质的 C# 类进行材质方面的编程处理。Material 类的构造函数如下：

```
public Material(Shader shader);
```

其中：

shader：着色器，在使用材质时必须指定材质所使用的着色器。下面的 fvc_material_ctr 代码演示了创建材质实例的方法。将代码添加到游戏对象上，在该游戏对象的检视图面板上给 shader 选择相应的着色器。代码如下：

```
public class fvc_material_ctr : MonoBehaviour {
    public Shader shader;
    void Start(){
        Renderer rend = GetComponent<Renderer>();
        rend.material = new Material(shader);
    }
}
```

下面我们下面给出了 Material 类的几个主要实例性质。

```
public Color color;
public Texture mainTexture;
public Shader shader;
```

其中：

(1) color：材质的主颜色，即 Albedo 颜色。

下面的 fvc_material_color 代码组件的 Update()函数中首先利用 Lerp()函数由初始颜色和目标颜色插值得到一个颜色，再将该颜色设置给游戏对象的材质，从而动态改变游戏对象的颜色。PingPong()函数的功能及使用参见第 3 章。将代码添加到某个游戏对象上，然后运行游戏，查看游戏对象的颜色变化。

```
public class fvc_material_color : MonoBehaviour {
    Color lerpedColor = Color.white;
    Color start = Color.black;
    Color target = Color.white;
    void Update()
    {
        lerpedColor = Color.Lerp(start, target, Mathf.PingPong(Time.time, 1));
        GetComponent<Renderer>().material.color = lerpedColor;
    }
}
```

(2) mainTexture：用于读取和设置材质的主纹理。下面的代码将在 Resources 文件夹中的纹理动态导入，然后设置给游戏对象，改变游戏对象的纹理。代码如下：

```
public class fvc_material_texture : MonoBehaviour {
    void Start(){
        Texture tex = Resources.Load("textures/1") as Texture;
        GetComponent<Renderer>().material.mainTexture = tex;
    }
}
```

(3) shader：材质所使用的着色器，通过这个实例性质可以改变之前材质所关联的着色器。

5.5.3 光照

因为渲染与光照(Lighting)密切相关，所以在渲染器中有光照属性的设置，如图 5-70 所示。

图 5-70　网格渲染器中光照设置

下面我们给出光照面板上各个选项的含义。

(1) Cast Shadows：表示该网格物体被光照射时如何产生阴影，有四个选项，分别是 On(产生阴影)、Off(不产生阴影)、Two Sided(单面的物体两面都能显示阴影，在选择 On 的时候，单面物体只有法线正方向所在的面才能显示阴影，当光线旋转到该面的另一边时就不显示阴影)和 Shadows Only(只显示阴影，而网格对象被隐藏)。

(2) Receive Shadows：勾选项，表示是否接受其他物体投射在其上的阴影。

(3) Contribute Global Illumination：表示该游戏对象的网格渲染器是否进行全局光照计算，只有在场景设置了烘焙全局光照或实时全局光照时才起作用。

(4) Receive Global Illumination：只有在 Contribute Global Illumination 被勾选时才可用，表示实现全局光照的方式是光照贴图或光探针。

5.5.4　光探针

大多数的渲染器组件都包含有光探针，如图 5-52 所示。Probes 有如下的三个参数可以调节：Light Probes、Reflection Probes 和 Anchor Override，如图 5-71 所示。

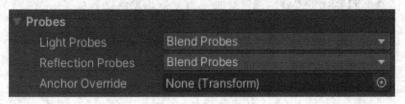

图 5-71　探测器面板

下面我们逐一介绍它们的含义。

(1) Light Probes：光探针。有关光探针的基本原理和使用方法，请参见 5.5 节。Light Probes 有三个选项，分别是 Off(表示在该游戏对象上不使用光探针效应)、Use Proxy volume(使用代理体的光照效果，此时对应的游戏对象必须添加光探针代理体组件 LPPV。该组件主要用于运动的大型游戏对象，比如粒子系统和蒙皮网格等)和 Blend Probes(渲染器使用一个插值光照探针)。

(2) Reflection Probes：反射探针，用于处理渲染器接收的从反射探针系统而来的反射。

(3) Anchor Override：用于在使用光探头或反射探头系统时，用来决定插值位置的 Transform。

习　　题

5.1　什么是渲染管线？请画图说明 Unity 的世界坐标系。

5.2　渲染管线中模型变换的作用是什么？

5.3　请画图说明 Unity 透视投影的视景体，并说明如何设置近剪切面和远剪切面。

5.4　如何打开 Unity 的内置渲染管线的设置面板？

5.5　HDRP 代表什么？

5.6　通用渲染管线和内置渲染管线有何区别？

5.7　为何要引入相机组件？相机组件的核心功能是什么？

5.8　Unity 的相机类是 Camera，其实例性质 depth 有何作用？如果要设置抬头显示 HUD，对应的相机的 depth 应该如何设置？

5.9　如何通过相机类 Camera 将世界坐标系下的一个空间点所对应的屏幕坐标计算出来？请编程实现，并在控制台输出结果。

5.10　什么是第一人称游戏和第三人称游戏？

5.11　简要说明网格过滤器的作用。

5.12　参考 5.4.2 小节的 CreateTriangle 代码，编写一个 CreateRectangle 代码，用来创建长方形的游戏对象。

5.13　如何用 Vector4 类型表达 RGB 格式的颜色？Unity 中可以用哪个类表达颜色？

5.14　简要讲述方向光源、点光源和聚光灯源各有什么不同。

5.15　Unity 引入光探针技术的主要目的是什么？

5.16　请简要回答材质、着色器、纹理、网格渲染器之间有何关联。

第6章　物理效应

　　为了模拟真实世界中的物理过程和相关的物理效应，Unity 提供了很多物理组件。比如，在模拟物体运动的时候，如果不对游戏对象做特别处理，则会出现游戏对象间的相互穿透。因此，碰撞检测是虚拟现实技术中的一个基本问题，Unity 引擎引入了相关的物理组件来处理这些问题。本章首先简单介绍 Unity 中的所有物理组件，然后对 Unity 引擎中的主要物理组件进行讲解和分析，包括刚体、碰撞器、关节等，最后介绍物理材质及其使用。Unity 分开处理了 2D 和 3D 情形下的物理效应，本文只介绍 3D 情形下的物理组件。通过本章的学习，读者可对 Unity 的 3D 物理引擎中的核心组件有比较全面的了解，并能正确使用相关组件模拟真实物理环境下物体在外力作用下的运动过程。

6.1　Unity 的物理组件

　　Unity 使用了功能强大的第三方物理引擎 PhysX 作为其物理过程和特效的模拟，并以组件的形式对其进行了封装。Unity 中的物理组件分为以下几大类：刚体(Rigidbody)、碰撞器(Collider)、关节(Joint)、物理材质(Physical Material)和角色控制器(Character Controller)，如图 6-1 所示。

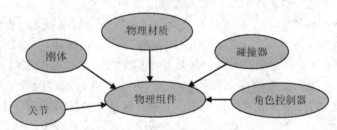

图 6-1　Unity 中的物理组件

　　需要说明的是，为了正确合理利用物理组件，需要对 Unity 的物理引擎所使用的各种算法预设一些基本参数。点击"Edit"→"Project Settings"→"Physics"打开物理引擎参数设置面板(或称物理管理器)。通过该管理器可以设置物理模拟中所使用的一些参数的缺省值，比如设置重力加速度，指定缺省的物理材质，选用碰撞检测算法等。下面介绍图 6-1 所示的五大类物理组件。

6.2　刚　　　体

　　刚体(Rigidbody)是 Unity 系统中游戏对象实现物理效应的主要组件。通过给游戏对象添加刚体组件可以让游戏对象受到力的控制,实现物理学中的刚体运动。一旦游戏对象受物理因素发生运动,就应该避免使用 Transform 组件改变游戏对象的位置和角度。此外,在使用刚体组件的时候,物理引擎会在游戏对象的平移速度或旋转速度小于某个阈值时让游戏对象停下来,我们称之为该游戏对象进入休眠(Sleep)状态。进入休眠状态的游戏对象在一定条件下可以被唤醒。

选中某个游戏对象,在检视图中,点击"Add Component"→"physics"→"Rigidbody"即可给该物体添加刚体组件(Rigidbody)。图 6-2 所示为刚体组件对应的检视图面板。

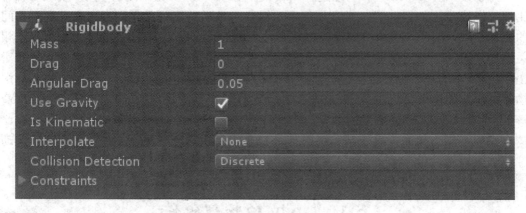

图 6-2　刚体的检视图面板

下面我们逐一介绍面板上各个参数的含义。

(1) Mass:表示该刚体组件所关联的游戏对象的质量,单位为千克。质量、加速度与施加到刚体上的力按牛顿第二定律描述。

(2) Drag:刚体线速度方向所受到的阻力。

(3) Angular Drag:刚体转动过程中所受到的阻力。

(4) Use Gravity:用于设置游戏对象是否受重力作用,是则勾选,否则不勾选。

(5) Is Kinematic:用于处理刚体的运动。Unity 提供了两种运动模式:一种是刚体在外力作用下基于牛顿力学的运动;另外一种是基于运动学,通过改变游戏对象的 Transform 组件中位置和姿态相关的数据来实现刚体的运动(其中包括通过改变刚体的 Position 和 Rotation,从而改变 Transform 组件)。Is Kinematic 就是这两种模式的一个开关,缺省时不勾选,选用的是第一种模式。如果勾选,则表示用第二种模式模拟刚体运动,此时刚体不受碰撞、力等物理因素的影响,但要注意,Kinematic 刚体虽然自身不受力和碰撞的影响,但会通过力和碰撞影响到其他物体。

(6) Interpolate:有三个可选项,分别是 None,Interpolate,Extrapolate。在缺省下为 None,表示不用插值计算,此时由于物理模拟使用固定帧速,而图形渲染使用变化帧速,二者之间不完全同步,所以会出现看起来异常的现象。如果选用 Interpolate(内插值),则会利用前一帧的 Transform 插值计算当前的 Transform。如果选用 Extrapolate(外插值),则可以根据当前的 Transform 计算下一帧的刚体的 Transform,再由计算结果来平滑当前的 Transform。需要说明的是,除了玩家角色,其他游戏对象不需要用到插值,将该选项设置为 None 即可。因为玩家角色往往有相机对着,看得非常清楚,所以不用插值计算的微小异常会凸显在屏幕上。

(7) Collision Detection：用于检查与其他刚体的碰撞，主要目的之一是防止物体之间的穿透。该项有三个选项，分别是 Discrete，Continuous，Continuous Dynamic。默认为 Discrete，表示每一帧做一次检测，这是最为简单的碰撞检测，缺点是对于快速移动的游戏对象会有穿透现象。对于快速移动的物体必须设置为 Continuous 或 Continuous Dynamic 模式。如果刚体设置为 Continuous 模式，则可以检测两类游戏对象，一类是添加有 MeshCollider 组件的静止游戏对象，另一类是添加有 Continuous Dynamic 模式刚体的运动游戏对象。Continuous 模式会对运行性能有较大影响。可以看出，如果要检测两个运动的物体的碰撞，其中一个必须是添加 Continuous Dynamic 模式的刚体。

(8) Constraints：刚体约束，可以限制游戏对象在某个方向的移动和旋转。该项有两个选项，分别是 Freeze Position 和 Freeze Rotation，如图 6-3 所示。如果勾选 Freeze Position 中的 X，表示冻结游戏对象在 x 轴上的运动，其他类推。如果勾选 Freeze Rotation 中的 X，表示冻结游戏对象在 x 轴上的旋转，其他类推。

图 6-3　刚体的约束参数

与刚体组件所对应的 C# 类是 Rigidbody。利用该类可实现刚体受力及运动的相关编程。必须说明的是，在处理刚体运动方面，要么是用刚体的 Kinematic 模式，要么是用 Physics 模式，不能两者同时使用。

下面给出了 Rigidbody 类的部分公有实例性质。

```
public float mass;
public float drag;
public bool useGravity;
public bool isKinematic;
public Vector3 velocity;
```

上面列出的 Rigidbody 类的性质除了 velocity 之外，其他在检视图上都有显示，它们的含义在介绍图 6-2 的时候已经详述，此处不再赘述。velocity 是刚体的平移速度。

下面的 fvc_rigidbody_falling 代码展示了如何读取和设置这些性质的值。

```
public class fvc_rigidbody_falling : MonoBehaviour {
    private Rigidbody rb;
    void Start ()
    {
        rb=this.gameObject.AddComponent<Rigidbody>();
        rb.isKinematic = false;
        rb.detectCollisions = true;
        rb.useGravity = true;
```

```
        rb.mass = 0.1f;
    }

    void Update ()
    {
        rb.drag = Mathf.Repeat(Time.time*15f, 8.0f);
    }
 }
```

在 Start 函数中首先给游戏对象添加 Rigidbody 组件，默认情况下 isKinematic 为 false，detectCollisions 为 true。接着，设置刚体的 useGravity 为 true，启用重力效果，设置游戏对象的质量为 0.1 千克(实际上质量设置为 0 也不会影响重力加速度的效果，物体都会运动)。在 Update()函数中改变游戏对象的空气阻力，使其值在 0~8 之间变化。可以看到，由于重力和空气阻力的共同作用，游戏对象交替一快一慢地下降。如果我们将代码中的 rb.isKinematic = false 改成 rb.isKinematic = true，即启用刚体的 Kinematic 模式，会发现游戏对象静止不动，此时物体不受物理引擎的影响。

在 fvc_rigidbody_falling 代码的基础上设定刚体的速度作为初始速度，可以模拟游戏对象的抛体运动。下面的 fvc_rigidbody_projectile 代码演示了平抛运动。如果设定初始速度斜着向上，则可以模拟斜抛运动。

```
public class fvc_rigidbody_projectile : MonoBehaviour {
    private Rigidbody rb;
    private Vector3 old_pos;
    void Start()
    {
        rb = this.gameObject.AddComponent<Rigidbody>();
        rb.useGravity = true;
        rb.velocity = 5.0f * Vector3.right;
        old_pos = transform.position;
    }
    void FixedUpdate()
    {
        Debug.DrawLine(old_pos, transform.position, Color.red, 60, false);
        old_pos = transform.position;
    }
}
```

刚体组件的常用实例属性如下：

```
public Vector3 angularVelocity;
public float angularDrag;
public bool freezeRotation;
public Vector3 centerOfMass;
```

其中：

(1) angularVelocity：刚体旋转的角速度，单位为 rad/s。

(2) angularDrag：刚体的旋转阻力。

(3) freezeRotation：用于读取刚体旋转是否冻结，也可以设置为 true 来冻结刚体的旋转。

(4) centerOfMass：刚体的质心。

查看下面的 fvc_rigidbody_rotate 类。在 Start 函数中，先给游戏对象添加刚体组件，然后给组件设置一个旋转速度和旋转阻力。为了只看旋转效果，我们关闭重力效果。可以看到，游戏对象旋转之后，逐渐停下来。如果将旋转阻力 angularDrag 设置为负值，则会使得游戏对象加速旋转。按下 Space 键，设置刚体的 freezeRotation 为 true，此时，冻结刚体的旋转，刚体保持不动。按下 Z 键，改变刚体的质心位置，使其向 x 轴的负方向偏离游戏对象的位置 0.5 个单位。可以看到，物体此时绕通过质心的轴旋转。

```
public class fvc_rigidbody_rotate : MonoBehaviour {
    Rigidbody rb;
    void Start ()
    {
        rb = this.gameObject.AddComponent<Rigidbody>();
        rb.angularVelocity = new Vector3(0, 2.4f, 0);
        rb.useGravity = false;
        rb.angularDrag = 0.01f;
    }
    void Update()
    {
        if(Input.GetKeyDown(KeyCode.Space))
        {
            rb.freezeRotation = true;
        }
        if(Input.GetKeyDown(KeyCode.Z))
        {
            rb.centerOfMass = new Vector3(-0.5f, 0, 0);
        }
        if (Input.GetKeyDown(KeyCode.X))
```

```
            {
              rb.centerOfMass = new Vector3(0, 0, 0);
            }
        }
    }
```

下面三个函数是 Rigidbody 的实例函数。当添加了刚体的游戏对象处于激活状态(即 active=true)时，通过这些函数可给该游戏对象施加力的效果。

```
public void AddForce(Vector3 force, ForceMode mode = ForceMode.Force);
public void AddForceAtPosition(Vector3 force, Vector3 position,
                    ForceMode mode = ForceMode.Force);
public void AddRelativeForce(Vector3 force, ForceMode mode = ForceMode.Force);
```

其中：

(1) AddForce()：所施加的力通过刚体的质量中心。

(2) AddForceAtPosition：指明力的作用点。如果作用点不在质心，则该力不仅引起游戏对象的平动，也会引起游戏对象的转动。

(3) AddRelativeForce：与 AddForce()不同，AddRelativeForce()函数表示在游戏对象的本地坐标系下施加力的效果。也就是说，函数中的第一个参数 force 是在游戏对象的本地坐标系下的一个矢量，而其他两个函数中的 Vector3 类型的参数都在世界坐标系下。

上述 3 个函数的参数中，参数 force 表示力的矢量，该矢量的长度表示力的大小，矢量的方向表示力的方向；参数 mode 表示以何种模式施加力的效果，ForceMode 是枚举类型，有四个值，即 Force、Acceleration、Impulse、VelocityChange。无论哪种力的模式，其作用都是改变游戏对象的运动状态。

下面给出这四种力的模式的基本含义。

(1) Force：在这种力的模式之下，第一个参数 force 表示持续添加到刚体上的一个力，根据刚体的质量，由牛顿第二定理计算加速度，即可得到游戏对象的即时速度。

(2) Acceleration：在这种力的模式之下，第一个参数 force 表示刚体的加速度，游戏对象的即时速度的计算与质量无关。

(3) Impulse：表示冲量，根据物理中的动量定理 $f \times \Delta t = m \times \Delta v$，函数中的第一个参数表示力与作用时间 Δt 的乘积，所以与运动状态的改变和游戏对象的质量有关系。这种模式比较适合用于模拟力作用的瞬间效果，比如冲击力和爆炸效果。

(4) VelocityChange：第一个参数 force 表示游戏对象的速度改变量，此时游戏对象的即时运动速度与其质量无关。

在 fvc_rigidbody_force 类中，Start()函数给游戏对象设置了刚体的相关参数：给静止的刚体施加一个水平方向的力，大小为 4 N，质量为 0.5 kg。在 Update()函数中输出刚体速度。在启动时，我们可以计算得到其加速度为 4/0.5 = 8 m/s^2，fixedDeltaTime =

0.0167 s，得到其速度为 8 × 0.0167 = 0.1336，与在 Update()函数中输出的速度的 X 值是一致的。由前面的计算过程可以看出，采用 ForceMode 中的 Force 模式时，如果在 Start()函数中施加一个力，则意味着按牛顿第二定理 F = ma，给游戏对象一个恒定的加速度 a，加速时间为从 Time 中获取的 fixedDeltaTime，在此后的时间游戏对象保持匀速运动。可以分析得到，如果改成 VelocityChange 模式，力的效果就是直接改变刚体的速度，则游戏对象的速度在一个 fixedDeltaTime 时间内从(0, 0, 0)增加到(4, 0, 0)，之后做匀速运动。

```
public class fvc_rigidbody_force : MonoBehaviour {
    private Rigidbody rb;
    void Start()
    {
        rb = this.gameObject.AddComponent<Rigidbody>();
        rb.mass = 0.5f;
        rb.useGravity = false;
        rb.AddForce(new Vector3(4, 0, 0), ForceMode.Force);
        print(fvc_tools.to_string(rb.velocity));
    }
    void Update ()
    {
        print(fvc_tools.to_string(rb.velocity));
    }
}
```

可以看出，如果要模拟物体的变加速运动，则需要在 FixedUpdate()函数中调用 Rigidbody 的 AddForce 相关函数。

在场景中将立方体游戏对象如图 6-4 放置。实线箭头表示世界坐标系的 Y 轴正方向，虚线箭头表示游戏对象的本地坐标系的 y 轴正方向。

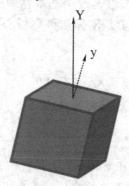

图 6-4　立方体游戏对象

将下面的代码 fvc_rigidbody_relative_force 添加到图 6-4 所示的游戏对象上。为便于观察，在局部坐标系下施加力的效果。代码首先将游戏对象沿 Z 轴旋转 −20°。然后添加刚体组件，再给刚体施加相对于物体的局部坐标系下的力的效果，速度改变量为(0, 1, 0)，改变量的方向是局部坐标的 y 轴方向。在 Update()函数中将刚体的速度输出，结果为(0.342, 0.940, 0)。可以看到，游戏对象斜着向右上方运动。如果将代码中的 AddRelativeForce()函数改为 AddForce()，其他都不变，Update()函数中输出的结果是(0, 1, 0)，此时游戏对象竖直向上运动。

```csharp
public class fvc_rigidbody_relative_force : MonoBehaviour {
    private Rigidbody rb;
    void Start ()
    {
        this.transform.Rotate(0, 0, -20);
        rb = this.gameObject.AddComponent<Rigidbody>();
        rb.useGravity = false;
        rb.AddRelativeForce(new Vector3(0, 1, 0), ForceMode.VelocityChange);
    }

    void Update ()
    {
        print(fvc.fvc_tools.to_string(rb.velocity));
    }
}
```

下面给出的是 Rigidbody 实例性质表示刚体的惯性张量。

```csharp
public Vector3 inertiaTensor;
```

惯性张量 I = (I_{xx}, I_{yy}, I_{zz})，是一个 3 维矢量，I_{xx} 表示绕 x 轴旋转的转动惯量，单位为 $kg \cdot m^2$，即度量旋转的难度(惯性是一个基本物理概念)，其值越大，在相同的力矩之下，物体旋转得越慢。转动惯量是刚体质量与质心到旋转轴距离平方的乘积，公式如下：

$$\begin{cases} I_{xx} = \int(y^2 + z^2)dm \\ I_{yy} = \int(x^2 + z^2)dm \\ I_{zz} = \int(x^2 + y^2)dm \end{cases} \qquad (6\text{-}1)$$

同理，I_{yy} 和 I_{zz} 分别表示绕 y 和 z 轴旋转的惯性。在设置 inertiaTensor 时，I_{xx}、I_{yy} 和 I_{zz} 都必须是大于 0 的值。是否需要严格按照公式(6-1)计算惯性张量，由模拟要求决定，一般情况下不需要按照公式(6-1)严格计算惯性质量，进行估算即可。

将下面的 fvc_rigidbody_inertia 代码添加到一个立方体游戏对象上。再添加刚体组件，让刚体组件的惯性张量为(0.05, 0.05, 0.05)，质量为 0.5 千克。立方体的质心在局部坐标系下的(0, 0, 0)位置，在偏离质心位置施加力的效果，然后在 Update()函数中输出刚体的角速度和线速度。

```
public class fvc_rigidbody_inertia : MonoBehaviour {
    Rigidbody rb;
    void Start ()
    {
        rb = this.gameObject.AddComponent<Rigidbody>();
        rb.inertiaTensor = new Vector3(0.05f, 0.05f, 0.05f);
        rb.mass = 0.5f;
        rb.angularDrag = 0.0f;
        rb.useGravity = false;

        rb.AddForceAtPosition(new Vector3(0.0f, 0.0f, 6.0f),
                        transform.position + new Vector3(0.50f, 0, 0));
    }
    void Update()
    {
        print(fvc.fvc_tools.to_string(rb.angularVelocity));
        print(fvc.fvc_tools.to_string(rb.velocity));
    }
}
```

运行上面的代码，可以看到在控制台上输出：角速度为(0, −1.002, 0)，线速度为(0, 0, 0.2004)。线速度的结果可以根据牛顿第二定理，用所施加的力、物体质量和固定帧速算出来。具体细节可以参见 fvc_rigidbody_force 的代码分析。角速度可根据公式：

$$力矩 = 惯性张量 \times 角加速度 \qquad (6\text{-}2)$$

进行推算。上面的代码给出力矩为 $6 \times 0.5 = 3$，方向是 y 轴方向。所以，绕 y 轴的角加速度 $= \dfrac{力矩}{惯性张量的y分量} = \dfrac{3}{0.05}$，速度 = 角加速度 × 时间 $\dfrac{3}{0.05} \times 0.0167 = 1.002$。由于 Unity 是左手系，所以输出的角速度绕 y 轴逆时针旋转，输出值是负的，为(0, −1.002, 0)。要注意的是，这里输入的力矩方向是 y 轴，其他轴方向的力矩为 0。虽然角加速度取决于刚体的惯性张量(x, y, z)的 y 分量，但 x 和 z 的值不能小于或等于 0，可以设置为一个远小于 y 的值，否则系统出错。

下面列出的是 Rigidbody 类的实例性质。

```
public Quaternion inertiaTensorRotation;
public RigidbodyConstraints constraints;
```

其中：

(1) inertiaTensorRotation：旋转惯性张量。

(2) constraints：限定刚体在某个方向上的平动和旋转。

下面为 fvc_rigidbody_inertia_rotation 程序。

```
public class fvc_rigidbody_inertia_rotation : MonoBehaviour {
    Rigidbody rb;
    void Start()
    {
        rb = this.gameObject.AddComponent<Rigidbody>();
        rb.useGravity = false;
        rb.angularDrag = 0.0f;
        rb.mass = 1f;
        rb.inertiaTensor = new Vector3(0.5f, 0.5f, 0.5f);
        rb.inertiaTensorRotation = Quaternion.identity;//.Euler(0, 60, 0);
        rb.ResetInertiaTensor();
        print(fvc.fvc_tools.to_string(rb.inertiaTensor));
        rb.AddForceAtPosition(new Vector3(0.0f, 0.0f, 6.0f),
                            transform.position + new Vector3(0.50f, 0, 0));
    }
    void Update()
    {
        print(fvc.fvc_tools.to_string(rb.angularVelocity));
    }
}
```

下面列出了 Rigid body 类的 4 个实例函数。

```
public void AddTorque(Vector3 torque, ForceMode mode = ForceMode.Force);
public void AddTorque(float x, float y, float z, ForceMode mode = ForceMode.Force);
public void AddRelativeTorque(Vector3 torque, ForceMode mode = ForceMode.Force);
public void AddRelativeTorque(float x, float y, float z,
                        ForceMode mode = ForceMode.Force);
```

其中：

(1) AddTorque()：在世界坐标下给刚体添加一个力矩。函数的第一个参数表示力矩，第二个参数表示力矩模式。

(2) AddRelativeTorque()：在游戏对象本身的局部坐标系下给刚体添加一个力矩。函数的第一个参数表示力矩，第二个参数表示力矩模式。

　　将 fvc_rigidbody_torque 代码添加到一个立方体游戏对象上。在 Start()函数中给游戏对象添加刚体组件，设置刚体的质量为 1 千克，转动阻力为 0，取消重力效应，最后给刚体添加力矩(2, 0, 0)。接着，在 Update()函数中将刚体的转动速度和线速度输出。力矩的方向是沿着 x 方向，所以我们看到立方体游戏对象绕着 x 轴顺时针匀速旋转，角速度为(0.2004, 0, 0)，线速度为(0，0，0)。这里我们必须明确用 Vector3 表示角速度时速度的各个分量的含义。对于角速度$(\omega_x, \omega_y, \omega_z)$，$\omega_x$、$\omega_y$、$\omega_z$ 分别表示物体绕 x、y 和 z 轴旋转的速度。所以，前面的角速度(0.2004, 0, 0)表示游戏对象绕 x 轴的角速度为 0.2004，而在 y 和 z 轴上不旋转。清楚 0.2004 的值是如何得到的，便于我们进一步理解通过 AddTorque 等函数实行刚体旋转。

```
public class fvc_rigidbody_torque : MonoBehaviour {
    private Rigidbody rb;
    void Start ()
    {
        rb = this.gameObject.AddComponent<Rigidbody>();
        rb.useGravity = false;
        rb.angularDrag = 0f;
        rb.mass = 1f;
        print(fvc.fvc_tools.to_string(rb.inertiaTensor));
        rb.AddTorque(2, 0, 0, ForceMode.Force);
    }
    void Update ()
    {
        print(fvc.fvc_tools.to_string(rb.angularVelocity));
        print(fvc.fvc_tools.to_string(rb.velocity));
        print(Time.fixedDeltaTime.ToString());
    }
}
```

　　AddTorque()和 AddForceAtPosition()函数相同点是两者都可以实现刚体的旋转。不同点是前者只是让刚体旋转，不发生平移；而后者如果施加的力不通过质心的话，除了让刚体旋转，还会发生平移。当立方体刚体质量为 1 kg 时，Unity 的物理引擎计算得到其惯性张量为(0.166 67，0.166 67，0.166 67)，上面代码中输入的力矩为(2, 0, 0)，根据物理公式：

$$M = I \cdot \beta \tag{6-3}$$

M 为力矩，I 为转动惯量，β 为角加速度，所以，$\beta = \dfrac{2}{0.166\,67}$。由于加速时间为 dt =

fixedDeltaTime = 0.0167，所以得到角速度 $\omega = \beta \times dt = \dfrac{2}{0.166\,67} \times 0.0167 = 0.2004$。

如果将上述代码添加到其他不同形状的物体上，比如一个球体游戏对象上，则虽然它的质量同样是 1 kg，施加的力矩也是(2，0，0)，但由于球体的质量分布和立方体的质量分布不相同，所以其惯性张量也不同，结果得到的角速度也不一样。

需要说明一下，AddTorque 函数中的第二个参数(即 ForceMode)与 AddForce 函数中的 ForceMode 一样，只不过 AddTorque 函数针对的是角速度，而 AddForce 系列函数针对的是平移速度。比如，同样是 mode= ForceMode.VelocityChange，AddTorque 函数引起角速度的改变，AddForce 函数引起平移速度的改变。

将 fvc_rigidbody_relative_torque 代码添加到图 6-4 所示的游戏对象上。我们可以看到，立方体游戏对象绕其自身的本地坐标系的 y 轴旋转。AddRelativeTorque()函数施加的力矩是在其局部坐标系下的，这一点与 AddRelativeForce()函数一样。

```
public class fvc_rigidbody_relative_torque : MonoBehaviour {
    private Rigidbody rb;

    // Use this for initialization
    void Start()
    {
        rb = this.gameObject.AddComponent<Rigidbody>();
        rb.useGravity = false;
        rb.AddRelativeTorque(new Vector3(0, 2, 0), ForceMode.Force);
    }
}
```

下面给出了 Rigidbody 类中的两个性质。

```
public Vector3 position;
public Quaternion rotation;
```

其中：

(1) position：刚体的位置。如果通过 position 改变刚体的位置，游戏对象的 transform 会在下一个物理模拟时刻被更新,通过这种方式改变游戏对象的位置比直接使用 Transform 的 position 要快，因为后者需要重新计算游戏对象中的碰撞器(Collider)位置。

(2) rotation：刚体的姿态。通过 Rigidbody 的 rotation 改变刚体的姿态进而可以更新游戏对象的 Transform，这种方式也比直接通过改变 Transform 的 rotation 要快。

将下面的 fvc_rigidbody_position 代码添加到某个游戏对象上。可以看到游戏对象在场景中左右移动。在 FixedUpdate()函数中改变刚体的位置，使其在 x 轴的 0～3 之间变换，通过改变 move_speed 值，可以调节游戏对象的移动速度。同时，改变刚体绕 y 轴的角度，使其旋转。

```
public class fvc_rigidbody_position : MonoBehaviour {
    public float move_speed=1;
    public float rotation_speed = 5;
    private Rigidbody rb;
    private float angle = 0;
    private float x = 0;

    void Start ()
    {
        rb = this.gameObject.AddComponent<Rigidbody>();
        rb.useGravity = false;
    }

    void FixedUpdate ()
    {
        x += Time.fixedDeltaTime * move_speed;
        angle += rotation_speed * Time.fixedDeltaTime;
        rb.position = new Vector3(Mathf.PingPong(x, 3), 0, 0);
        rb.rotation = Quaternion.Euler(0, angle, 0);
    }
}
```

下面的两个函数分别用于改变刚体位置和调整刚体姿态。

```
public void MovePosition(Vector3 position);
public void MoveRotation(Quaternion rot);
```

参数 position 表示刚体的新位置，参数 rot 表示刚体新的姿态。Unity 对于刚体基于物理引擎的运动都是在固定帧速下运行的，所以下面的两个函数都是放在 FixedUpdate() 函数中执行。

将 fvc_rigidbody_position 类里面游戏对象位置和姿态变化的代码用 Rigidbody 的 MovePosition 和 MoveRotation 函数来实现，得到下面的 fvc_rigidbody_move_pos_rot 类。将其添加到游戏对象。从结果来看，这两个类实现游戏对象的运动是一样的，但两者还是有一些不同。通过函数实现刚体的平移和旋转会考虑插值效果，即考虑刚体组件中的插值 Interpolation，而直接用 Rigidbody 的 position 和 rotation 来实现刚体的平移和旋转，则不会考虑插值效果。有关刚体组件的插值 Interpolation，请参见图 6-2 中相关参数的分析。

```
public class fvc_rigidbody_move_pos_rot : MonoBehaviour {
    public float move_speed = 1;
    public float rotation_speed = 5;
    private Rigidbody rb;
    private float angle = 0;
    private float x = 0;

    void Start()
    {
        rb = this.gameObject.AddComponent<Rigidbody>();
        rb.useGravity = false;
    }
    void FixedUpdate()
    {
        x += Time.fixedDeltaTime * move_speed;
        angle += rotation_speed * Time.fixedDeltaTime;
        rb.MovePosition(new Vector3(Mathf.PingPong(x, 3), 0, 0));
        rb.MoveRotation(Quaternion.Euler(0, angle, 0));
    }
}
```

　　此外，必须弄清楚刚体通过施加力或力矩的方式运动，与通过改变 position/rotation 或调用 MovePosition 和 MoveRotation 函数实现运动有何不同？在实际开发中，应该使用哪种方案？只有当刚体的 isKinematic 设置为 false 时，施加力、力矩、碰撞相关的函数才起作用。而通过 position/rotation 或 MovePosition/MoveRotation 函数，无论 isKinematic 是 false 还是 true 都可以使游戏对象运动。比如，对于玩家游戏对象，我们往往不希望其受物理引擎控制，而是通过鼠标或键盘控制玩家的运动。此时用 MovePosition 和 MoveRotation 函数来实现比较合适，不能直接用玩家的 Transform 组件，因为直接用 Transform 而不用刚体时不能被碰撞体触发。

6.3　碰　撞　器

6.3.1　简单碰撞器

　　在游戏中，判断两个对象是否碰撞(或称相交)是一个基本问题。比如运动的非玩家角色是否碰到障碍物？如果在游戏应用中没有碰撞检测，就会出现游戏对象之间互相穿透，严重影响游戏的真实感。碰撞检测是一种几何问题，相关的算法也有很多。比如，利用 Physics 模块中的 Raycast()函数探测指定方向上的物体对象。在游戏引擎中尽量使用简单算法，主要利用简单的包围球、包围盒等实现碰撞检测。对于每个游戏对象，创建一个包围它的包围球，游戏对象是否碰撞就转化为该游戏对象的包围球是否相交。

在实际场景中，往往不可能只有一个物体。同时，场景中的所有物体也不可能都是静止不动的，所以，实际场景中物体间会发生接触或碰撞。对于碰撞判断和反应的恰当处理是虚拟场景建模和游戏开发中一个核心问题，影响到虚拟应用的真实体验。Unity 引擎提供了一系列组件来处理游戏中的碰撞问题，这些组件统称为碰撞器 Collider 组件，分为 2D 和 3D 碰撞器，图 6-5 给出了 3D 碰撞器类型。

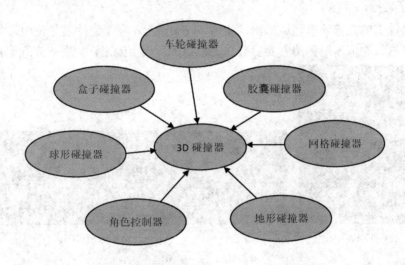

图 6-5   3D 碰撞器

图 6-5 中的各种碰撞器作为游戏组件可以添加到游戏对象上，用于判别碰撞的发生时间并确定碰撞发生之后的反应。碰撞器具有不同的、简单的几何形状，但在场景中是不可见的。除了给游戏对象添加碰撞器外，还可以给游戏对象的子节点对象添加碰撞器，从而组成复合碰撞器。有些游戏对象在场景中是静止不动的，一般不需要刚体组件，但要添加适当的碰撞器，比如场景中的地面、墙壁等，添加到这些物体上的碰撞器称之为静态碰撞器(Static Collider)，而将添加到具有刚体组件的游戏对象上的碰撞器称为动态碰撞器(Dynamic Collider)。

创建简单几何体的游戏对象时，会自动添加相应的碰撞器。比如，创建立方体游戏对象，会添加 Box 类型的碰撞器；创建球体游戏对象，会自动添加 Sphere 类型的碰撞器。其他情形下一般都需要用户自己添加相应的碰撞器，并对碰撞器进行参数的调整。接下来，我们将逐一介绍 Unity 中的各种碰撞器的知识及使用方法。

这里所说的简单碰撞器是指盒子碰撞器(Box Collider)、球形碰撞器(Sphere Collider)和胶囊碰撞器(Capsule Collider)三种。这些碰撞器对应的 C#类图关系如图 6-6 所示。

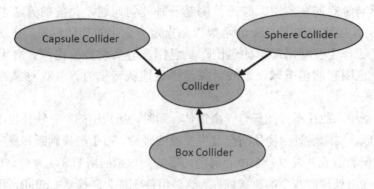

图 6-6　简单碰撞器的类图

1. 盒子碰撞器

盒子碰撞器的几何外形是矩形体，如图 6-7(a)所示，盒子碰撞器是使用最为广泛的碰撞器之一。这种碰撞器组件的主要参数在其检视图面板上给出，如图 6-7(b)所示。

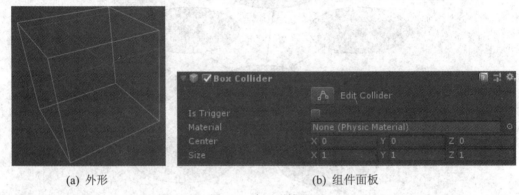

(a) 外形　　　　　　　　　　　　　　　(b) 组件面板

图 6-7　盒子碰撞器

下面对检视图各个参数的含义进行介绍。

(1) Is Trigger：表示该碰撞器是否用作触发器 Trigger，勾选时成为触发器。触发器是碰撞器的组成部分，当碰撞器用作触发器时，会触发事件，但不被物理引擎控制，与其他对象不进行碰撞，而是发生穿透。

(2) Material：表示物理材质，用以模拟物体接触表面的摩擦和弹性。

(3) Center：表示盒子碰撞器的中心位置，在游戏对象的本地坐标系下。比如，如果碰撞器与游戏对象位置一样，则 Center 为(0, 0, 0)。

(4) Size：表示盒子碰撞器长、宽、高的尺寸。

在调整盒子碰撞器的各个参数时，一般使得碰撞器恰好包裹游戏对象的几何外形。关于物理材质 Physics Material，我们会在 7.6 小节进行讲解。下面给出了 BoxCollider 类的两个基本性质，用于获取和设置盒子碰撞器的位置和尺寸。要注意的是，center 是在游戏对象的本地坐标系下。

```
public Vector3 center;
public Vector3 size;
```

下面的代码首先从游戏对象上获取已添加的 BoxCollider 组件以及与该组件相关的性质。

```
public class fvc_box_collider : MonoBehaviour {
  void Start () {
      BoxCollider bc = this.gameObject.GetComponent<BoxCollider>();
      print(bc.center);
      print(bc.bounds.center);
      print(bc.size);
      print(bc.bounds.max);
      print(bc.bounds.min);
  }
}
```

盒子碰撞器的其他性质和函数主要是从基类 Collider 类继承下来的，请参见 Collider 类。

2. 球形碰撞器

球形碰撞器的几何外形是球形，如图 6-8(a)所示，球形碰撞器是使用最为广泛的碰撞器之一。这种碰撞器组件的主要参数在其检视图面板上给出，如图 6-8(b)所示。

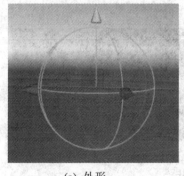 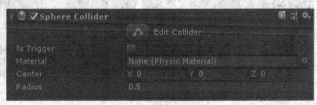

(a) 外形　　　　　　　　　　　(b) 组件面板

图 6-8　球形碰撞器

图 6-8(b)中 Is Trigger、Material 和 Center 三个参数的意义与图 6-7(b)中的盒子碰撞器一样，在此不重复介绍。Radius 表示球形碰撞器的半径，通过改变其值可以调整球形碰撞器的大小。

下面的 fvc_sphere_collider 代码首先获取游戏对象的 SphereCollider 组件，并进一步获取该组件的中心位置和半径。

```
public class fvc_sphere_collider : MonoBehaviour {
  void Start () {
      SphereCollider sc = this.gameObject.GetComponent<SphereCollider>();
      if(sc!=null)
      {
          print(sc.center);
```

```
            print(sc.radius);
        }
    }
}
```

3. 胶囊碰撞器

胶囊碰撞器的几何外形是一个胶囊状，如图 6-9(a)所示，胶囊碰撞器是使用最为广泛的碰撞器之一。这种碰撞器组件的主要参数在其检视图面板上给出，如图 6-9(b)所示，其中 Is Trigger、Material 和 Center 三个参数的意义与图 6-7(b)中的盒子碰撞器的一样，在此不重复介绍。

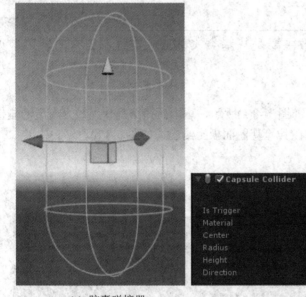

(a) 胶囊碰撞器　　　　　　　　　　　　(b) 检视图面板

图 6-9　胶囊碰撞器与检视面板

其他参数介绍如下：

(1) Radius：表示胶囊碰撞器横向截面积的半径，通过改变其值可以调胶囊碰撞器的粗细。

(2) Height：表示胶囊在纵向方向上的长度。

(3) Direction：表示胶囊纵向的指向，可以在 x、y 和 z 轴之间选择。

胶囊组件对应的 C#类为 CapsuleCollider，其主要性质为：

```
public Vector3 center;
public int direction;
public float height;
public float radius;
```

可以通过设置上面性质的值，改变胶囊碰撞器的位置和尺寸，其中 direction 的值为 0 时表示 x 轴，1 表示 y 轴，2 表示 z 轴。

6.3.2　角色控制器

角色控制器(CharacterController，CCT)用于游戏当中的角色实现与碰撞相关的物理效应，比如角色不会跌落在地板上、不会穿墙而过，等等。角色控制器底层实际上是封装了胶囊碰撞器，能实现碰撞效果，但不受力的影响，在控制角色的运动方面，不用通过刚体组件来实现，而是通过角色控制器提供的相关函数来实现。给游戏对象添加角色控制器组件，该组件的检视图参数如图 6-10 所示。

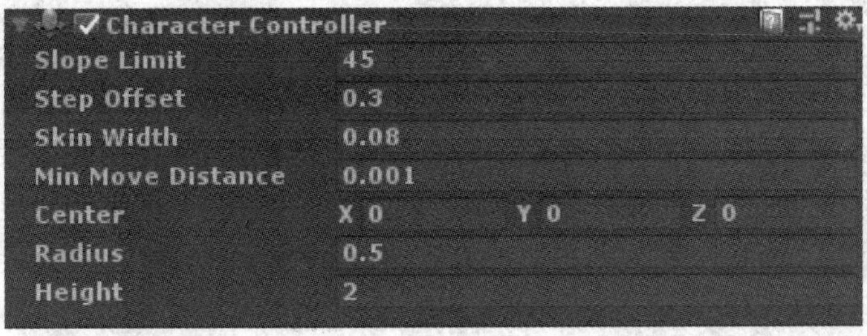

图 6-10　角色控制器面板

角色控制器面板上各个参数的详细介绍如下：

(1) Slope Limit：角色能爬的最大坡度。

(2) Step Offset：角色抬脚高度，当角色面前的阶梯高度小于该值，则可以爬楼梯，这个值不能大于角色控制器的高度 Height，否则出错。如果模拟人，step Offset 一般设置为 0.1～0.4 之间。

(3) Skin Width：用于设置两个角色碰撞时身体彼此穿透的深度，这个值不能太大也不能太小，设置为半径的 10%为宜。

(4) Min Move Distance：当角色每次移动距离小于这个值时，角色不动，所以一般情况下这个值设置得很小，甚至为 0。

(5) Center：用于指明角色控制器中的胶囊碰撞器在角色中的位置。

(6) Radius：胶囊碰撞器的半径。

(7) Height：胶囊碰撞器的高度，如果是模拟人，Height 一般设置为 2。

上面给出的参数对应的是 CharacterController 类中列出的如下性质：

```
public Vector3 center;
public float height;
public float radius;
public float slopeLimit;
public float stepOffset;
public float minMoveDistance;
public float skinWidth;
```

此外还有下面的若干个性质：

```
public Vector3 velocity;
public bool isGrounded;
public bool detectCollisions;
public CollisionFlags collisionFlags;
public bool enableOverlapRecovery;
```

其中：

(1) velocity：角色当前的相对速度，通过该值可以跟踪角色的速度，要注意是相对速度，如果角色是在一个移动物体上跑动，这个速度是相对于这个移动物体的，而不是相对于世界坐标系的。velocity 的值等于调用角色控制器的 Move 函数前后距离差除以当前的时间间隔。

(2) isGounded：判断角色当前是否与地面接触。

(3) detectCollisions：确定该角色控制器是否与其他刚体或角色控制器发生碰撞，缺省是 true。

(4) collisionFlags：碰撞标识符，指明是胶囊的哪一个部分发生了碰撞，是一个枚举类型，可取值 None、Sides、Above 或 Below。

(5) enableOverlapRecovery：禁用或启用重叠恢复，当检测到角色控制器与静态对象重叠时使其分离。

下面给出角色控制器(CCT)的 2 个非常重要的实例函数。

```
public bool SimpleMove(Vector3 speed);
public CollisionFlags Move(Vector3 motion);
```

其中：

(1) SimpleMove：根据输入的速度 speed 移动角色，speed 的 y 分量被忽略，如果角色是着地，则返回 true，一般每帧调用一次。

(2) Move：输入的参数是实际移动的方向和距离，调用该函数时游戏对象不受重力影响，返回值用于判断游戏角色的碰撞部位，如果是 None，表示没有发生碰撞，如果是 Sides 表示是身体侧面发生碰撞，如果是 Below 表示底部发生碰撞，如果是 Above 表示头部发生碰撞。

创建如图 6-11 所示的场景，包括三个游戏对象：地面、阶梯和角色，将下面的 fvc_character_controller 代码添加到角色游戏对象上。场景中的阶梯高度设置为 0.2，小于角色控制器的 stepOffset = 0.3。运行程序，查看结果。

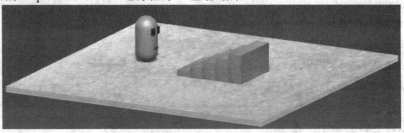

图 6-11　角色控制器的演示场景

```
public class fvc_character_controller : MonoBehaviour {
  public float speed=0.5f;
  private CharacterController character;
  void Start () {
      character = this.gameObject.GetComponent<CharacterController>();
  }
  void Update () {
      print(character.SimpleMove(transform.forward*speed));
  }
}
```

6.3.3　碰撞消息响应

Unity 提供了若干个函数响应游戏对象碰撞事件。在讲解这些响应函数之前，我们必须先了解 Collision 类，该类封装了碰撞相关信息，是碰撞响应函数的参数输入。

1. Collision 类

下面给出了 Collision 类的部分性质，用来描述被碰撞的游戏对象。

```
public Collider collider;
public GameObject gameObject;
public Rigidbody rigidbody;
public Transform transform;
```

每个性质的含义如下：

(1) collider：表示被碰撞的游戏对象的碰撞器。

(2) gameObject：表示被碰撞的游戏对象。

(3) rigidbody：表示被碰撞的游戏对象的刚体，如果该游戏对象没有添加刚体，则为 null。

(4) transfom：表示被碰撞游戏对象的 transform。

下面给出的 Collision 的实例性质是碰撞相关数据。

```
public Vector3 impulse;
public Vector3 relativeVelocity;
public ContactPoint[ ] contacts;
```

其中：

(1) impulse：表示碰撞的总冲量，即每个碰撞接触处每个顶点的冲量总和。可以根据冲量和作用时间计算得到冲击力，作用时间为 Time.fixedDeltaTime。

(2) relativeVelocity：表示碰撞时两个碰撞物体之间的相对速度。

(3) contacts：表示发生碰撞的所有顶点。

2. 碰撞响应函数

Unity 中的碰撞器可以只是当作触发器(Trigger)使用，即发送触发事件 trigger，此时刚体不发生碰撞，而是引发 OnTrigger 系列函数的调用。满足下面所有条件时碰撞器只是起触发器的作用：

(1) 两个游戏对象都添加有碰撞器。

(2) 其中之一添加有刚体组件。

(3) 两个物体之一的碰撞器的 IsTrigger 被勾选。

```
void OnTriggerEnter(Collider other);
void OnTriggerExit(Collider other);
void OnTriggerStay(Collider other);
```

其中：

(1) OnTriggerEnter：当游戏对象与其他游戏对象发生接触时调用该函数。

(2) OnTriggerExit：当两个已经发生接触的游戏对象脱离接触时调用该函数。

(3) OnTriggerStay：在接触持续期间，按物理引擎的固定时间间隔调用 OnTriggerStay 函数，所以并不是每一帧都调用该函数。

反之，如果 IsTrigger 没有被勾选，当两个都有碰撞器的物体碰撞时，会触发 OnCollision 系列的响应函数的调用。下面给出 OnCollision 系列函数的含义。

```
void OnCollisionEnter(Collision collision);
void OnCollisionExit(Collision collision);
void OnCollisionStay(Collision collision);
```

其中：

(1) OnCollisionEnter：当游戏对象与其他游戏对象发生碰撞时调用该函数。

(2) OnCollisionExit：当两个发生碰撞的游戏对象脱离接触时调用该函数。

(3) OnCollisionStay：在碰撞持续期间，按物理引擎的固定时间间隔调用 OnCollisionStay 函数。

根据图 6-12 给出的场景，我们编写下面的 fvc_trigger_message 代码，演示物体接触时触发 Trigger 事件和相关响应函数的使用。在代码中小球刚体的速度为(0.9, 0, 0)，小球向右方移动，然后与右边的挡板接触。将 fvc_trigger_message 代码添加到图 6-12 中的小球上。运行程序，查看控制台输出信息，明确 OnTiggerEnter 和 OnTriggerExit 函数的调用先后顺序。

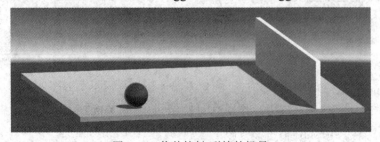

图 6-12　物体接触/碰撞的场景

```
public class fvc_trigger_message : MonoBehaviour {
    void Start(){
        Rigidbody rb = this.gameObject.AddComponent<Rigidbody>();
        rb.useGravity = false;
        rb.mass = 1.0f;
        rb.velocity = new Vector3(0.9f, 0, 0);
        SphereCollider sc = this.gameObject.GetComponent<SphereCollider>();
        sc.isTrigger = true;
    }
    void OnTriggerEnter(Collider coll){
        print("trigger enter " + coll.name);
    }
    void OnTriggerExit(Collider coll){
        print("trigger exit " + coll.name);
    }
}
```

查看下面的 fvc_collision_message 代码。在 Start 函数中首先设定小球的物理材质,让其弹性系数为 1,接着让小球的初始速度为(3, 0, 0.8),斜着与场景中的挡板碰撞,在 OnCollisionEnter 函数中输出被碰撞物体(此处是挡板)的信息。将代码添加到图 6-12 中的小球上,观察运行结果。

```
public class fvc_collision_message : MonoBehaviour {
    void Start () {
        SphereCollider sc = this.gameObject.GetComponent<SphereCollider>();
        PhysicMaterial pm = new PhysicMaterial();
        pm.bounciness = 1.0f;
        sc.material = pm;
        Rigidbody rb = this.gameObject.AddComponent<Rigidbody>();
        rb.useGravity = false;
        rb.mass = 0.2f;
        rb.velocity = new Vector3(3f, 0, 0.8f);
    }
    void OnCollisionEnter(Collision collision)  {
        print(collision.collider.name);
        print(collision.transform.position);
        print(collision.gameObject.name);
        print(collision.contacts.Length);
```

```
            print(collision.relativeVelocity);
            print(collision.impulse);
        }
    }
```

6.3.4 碰撞器的应用举例

1. 模拟斜面运动

在物理学中，斜面上物体的运动是一个典型问题，如图 6-13(a)所示，立方体形状的物体在重力作用下是处于静止还是运动状态与斜面的倾斜度和斜面的摩擦系数有关，我们可以用 Unity 的物理引擎模拟该过程。在 Unity 编辑器中创建一个空游戏对象，名称为 slipe，然后添加两个立方体作为该游戏对象的子对象，调节其中一个立方体的尺寸和角度(绕 z 轴旋 10°)，将其作为斜面，调整另外一个立方体作为滑块，如图 6-13(b)所示。

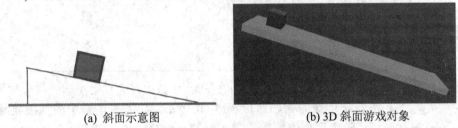

(a) 斜面示意图　　　　　　　　　　　(b) 3D 斜面游戏对象

图 6-13　斜面和斜面游戏对象

将下面的 fvc_collider_slipe 代码添加到 slipe 游戏对象上，在编辑器的检视图上初始化 fvc_collider_slipe 类中的 tilted_surface 和 slipe_bulk 字段，接着在 Start()函数中创建两个物理材质 pm1 和 pm2，设定每个物理材质的动力摩擦系数和静态摩擦系数。获取斜面和滑块游戏对象的碰撞器 bc1 和 bc2，并将物理材质 pm1 和 pm2 分别赋给 bc1 和 bc2。给滑块 slipe_bulk 添加刚体组件，并设定其质量，同时使用重力效应，最后在 Update()函数中输出滑块的速度。由于斜面保持不动，所以我们不需要给斜面添加刚体组件。

运行下面的代码，可以看到滑块沿着斜面下滑，速度逐渐变大。调节滑块和斜面的摩擦系数，再查看运行结果。

```
public class fvc_collider_slipe : MonoBehaviour {
    public GameObject tilted_surface;
    public GameObject slipe_bulk;
    void Start () {
        PhysicMaterial pm1 = new PhysicMaterial();
        pm1.dynamicFriction = 0.15f;
        pm1.staticFriction = 0.01f;
        PhysicMaterial pm2 = new PhysicMaterial();
```

```
        pm2.dynamicFriction = 0.15f;
        pm2.staticFriction = 0.01f;


        BoxCollider bc1 = tilted_surface.GetComponent<BoxCollider>();
        BoxCollider bc2 = slipe_bulk.GetComponent<BoxCollider>();
        bc1.material = pm1;
        bc2.material = pm2;


        Rigidbody rb2 = slipe_bulk.AddComponent<Rigidbody>();
        rb2.mass = 1.0f;
        rb2.useGravity = true;
    }
    void Update(){
        print(slipe_bulk.GetComponent<Rigidbody>().velocity);
    }
}
```

2. 模拟碰撞

在物理学中，物体(质点)间的相互碰撞是另外一个典型问题，如图 6-14(a)所示，当球 A 以一定的速度向着静止的球 B 运动时，会发生碰撞。根据小球的材质，小球之间会发生弹性或非弹性碰撞。

我们先模拟弹性碰撞。为此在场景中创建一个空游戏对象 collision，并在该空游戏对象下创建两个小球作为子对象，红色小球表示球 A，黑色小球表示球 B，将下面的 fvc_rigidbody_collision 代码添加到空游戏对象上，用球 A 初始化 sphere1，球 B 初始化 sphere2。在 Start()函数中，首先将相机设定为俯视，这样便于观察运行结果，见图 6-14(b)。由 sphere2 和 sphere1 的位置计算球 A 的运动方向 dir，接着给 sphere1 添加刚体组件 rb1，并设定 rb1 的相关参数，特别设定其速度为 dir*3。给 sphere2 添加刚体组件 rb2，设定 rb2 的质量与 rb1 一样，为 1 千克。取消 rb1 和 rb2 的重力效应。

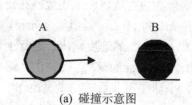

(a) 碰撞示意图　　　　　　　　　　　　(b) 模拟碰撞的场景图

图 6-14　模拟小球间的碰撞

```
public class fvc_rigidbody_collision : MonoBehaviour {
    public GameObject sphere1;
    public GameObject sphere2;
    void Start () {
        Camera cam = Camera.main;
        Vector3 pos=(sphere2.transform.position-sphere1.transform.position)*0.5f+
                    sphere1.transform.position;
        cam.transform.position = pos+new Vector3(0,12,0);
        cam.transform.LookAt(pos, Vector3.forward);

        Vector3 dir = (sphere2.transform.position -
                            sphere1.transform.position).normalized;
        Rigidbody rb1=sphere1.AddComponent<Rigidbody>();
        rb1.useGravity = false;
        rb1.mass = 1.0f;
        rb1.velocity = dir*3.0f;
        Rigidbody rb2 = sphere2.AddComponent<Rigidbody>();
        rb2.useGravity = false;
        rb2.mass = 1.0f;
        PhysicMaterial pm1 = new PhysicMaterial();
        pm1.bounciness = 1.0f;
        sphere1.GetComponent<SphereCollider>().material = pm1;
        PhysicMaterial pm2 = new PhysicMaterial();
        pm2.bounciness = 1.0f;
        sphere2.GetComponent<SphereCollider>().material = pm2;
    }
    void Update () {
        print(sphere1.GetComponent<Rigidbody>().velocity);
        print(sphere2.GetComponent<Rigidbody>().velocity);
    }
}
```

　　为了正确模拟碰撞效果，最关键的是设置碰撞器的物理材质。所以，上述代码在设置球体的刚体组件之后，创建物理材质 pm1 和 pm2，并将 pm1 和 pm2 分别赋给 sphere1 和 sphere2 的碰撞器。最后，在 Update()函数中将 sphere1 和 sphere2 的速度输出。运行上述代码，我们可以看到 sphere1 以(3, 0, 0)的速度向右移动，碰撞 sphere2 之后静止，速度为(0, 0, 0)，而 sphere2 以(3, 0, 0)的速度向右运动。这时，小球碰撞前后的动量满足守恒，机械能也守恒，所以是弹性碰撞。

　　将 sphere1 的质量减少，比如设定为 0.5 千克，再运行代码并查看结果，可以发现，碰撞之后 sphere1 的速度变为(1, 0, 0)，sphere2 的速度为(4, 0, 0)。

为了模拟非弹性碰撞，我们设上述代码中 sphere1 的物理材质的弹性 bounciness = 0.3，sphere2 的物理材质的弹性 bounciness = 0.5，运行上述代码，发现碰撞之后 sphere1 的速度为(1, 0, 0)，sphere2 的速度为(2, 0, 0)。可以验证得到碰撞前后动量守恒，但机械能不守恒，属于非弹性碰撞。

6.4 关 节

关节(Joint)用于连接刚体与刚体、刚体与空间某固定点，同时对刚体施加力的效果，从而达到约束刚体运动的目的。为了描述方便，我们将关节所在的对象称为关节本端，将关节连接的另一端称为关节另端。Unity 提供了多个关节模型，包括固定关节(Fixed Joint)、弹簧关节(Spring Joint)、铰链关节(Hinge Joint)、角色关节(Character Joint)和可配置关节(Configuration Joint)。图 6-15 给出了关节所对应的 C#类。

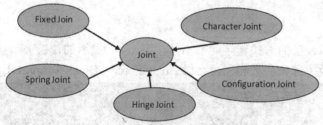

图 6-15　Unity 中的关节所对应的 C#类

关节不仅可以对相连接对象的运动做出反应，同时也可以对该对象施加驱动力(Drive)。在设置关节的过程中，我们需要对关节在某个方向上的平动和旋转进行限制。也就是说，当关节运动到指定的位置或角度时就会停下来，不再继续运动。一旦突然停止，不太真实，所以系统对关节提供了相应的弹力设置(Bounciness 和 Spring)，可以使关节遇到限制时不越过限制而直接反弹回来，也可以稍微越过限制，然后被弹力拉回来。

6.4.1　固定关节

固定关节将两个刚体按某种相对位置固定在一起，刚体之间没有相对运动。图 6-16 显示了固定关节的参数面板，将该关节添加到某个游戏对象上即表示该对象具有固定关节，可以连接另外的刚体，但要注意，添加固定关节的游戏对象必须先添加刚体组件。

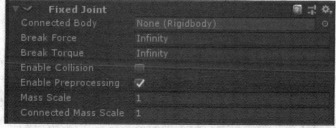

图 6-16　固定关节参数面板

　　下面我们给出固定关节各个参数的含义。

　　(1) Connected Body：表示关节所连接的其他刚体，关节所在的游戏对象将固定在该刚体上，如果不设置，则表示关节将固定在世界坐标上的某个点上。

　　(2) Break Force：用于设置关节断裂所需要的力，如果受到的力大于此值，则关节断裂。

　　(3) Break Torque：用于设置关节断裂所需要的力矩。

　　(4) Enable Collision：表示被关节连接的两个刚体是否碰撞，如果勾选，表示可以碰撞。

　　(5) Enable Preprocessing：表示是否启用预处理。当与固定关节相连的刚体在某个方向的运动(平移或旋转)被冻结时，默认勾选此项可以使得关节运行稳定。

　　(6) Mass Scale：表示关节本端的质量缩放，质量缩放用来控制关节计算的收敛，避免出现关节连接对象之间出现不自然抽动。比如两个质量不同的物体由固定关节连接，通过 Mass Scale 使得两个物体具有相同的有效质量，这样可以加快物理引擎的收敛。质量缩放是人为加入的，并不符合物理规律。

　　(7) Connected Mass Scale：表示关节另端的质量缩放，与上面的 Mass Scale 是一样的机制。

6.4.2　铰链关节

　　铰链关节模拟铰链的方式连接两个刚体。图 6-17 显示的铰链关节参数面板与图 6-16 固定关节参数面板中部分参数相同，比如 Break Force、Break Torque、Enable Collision 等。

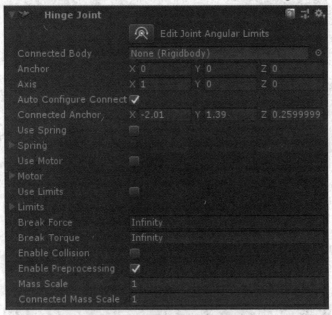

图 6-17　铰链关节的参数面板

　　下面主要介绍其他新的参数。

　　(1) Anchor：关节本端的锚点位置(局部坐标)，在场景中用一个小箭头的起点显示出来，关节只能绕着这个锚点运动。

　　(2) Connected Anchor：关节另端的锚点位置(坐标空间为另端的局部坐标系)，当设置关节的 Connected Body 时，系统自动将另端锚点设置为与本端锚点重合。但要注意，两个锚点所在的坐标系不同，尽管它们重合，但它们的坐标值不同。

(3) Axis：关节的旋转轴，关节只能绕着这个轴旋转，在场景中用一个箭头表示轴的方向。

(4) Auto Configure Connect：表示是否需要自动计算 Connected Anchor，如果勾选，Connected Anchor 会被自动计算以匹配 anchor 的全局坐标。

(5) Use Spring：表示铰链关节旋转时是否使用弹力效果，默认为否，勾选时物体会借助该弹力自行摆动。

(6) Spring：表示在 Use Spring 被勾选时，用来设置铰链关节的弹性参数，如图 6-18 所示，其中有三个参数：Spring 用于指定弹力，Damper 用于指定阻尼力，Target Position 用于指定旋转之后达到的角度，经过若干次来回摆动之后停在这个角度位置。如果角度为正，则表示绕轴顺时针转动一个角度，如果角度为负，则表示绕轴逆时针转动这个角度。

图 6-18　铰链关节的弹性参数

(7) Use Motor：表示铰链关节是否施加动力，勾选时给铰链关节施加动力效果，使得物体在轴上旋转。

(8) Motor：表示在 Use Motor 被勾选时，用来设置铰链关节的动力参数，使铰链在此动力作用下旋转，参数设置面板如图 6-19 所示，其中有三个参数：Target Velocity 用于描述物体受力作用所达到的速度，Force 用于描述施加到物体上的力的大小，Free Spin 如果勾选，表示动力不用于旋转的制动，仅用于加速。

图 6-19　铰链关节的动力参数

(9) Use Limits：表示是否对铰链使用限制。如果勾选，则对铰链使用限制。

(10) Limits：在 Use Limits 被勾选时，用来限制铰链关节的旋转运动，其参数如图 6-20 所示。Min 和 Max 表示铰链能到达的极限位置，前者表示最小角度，后者表示最大角度。如果在 Spring 中 Target Position 超过了 Min 或 Max，则以 Min 和 Max 为准限制铰链的位置。如果使用了动力，根据动力的旋转方向，铰链会旋转到极限位置，Bounciness 表示铰链到达最小和最大角度位置时的弹性，该值越大，反弹越厉害。Bounce Min Velocity 用于控制关节的反弹。如果该值设置太小，比如等于 0，会造成关节一直抖动。如果该值设置太大，会使得关节的反弹完全被禁。Contact Distance 在此距离之内时铰链关节中的限制 (Limits)处于激活状态。该值设置太小时会出现关节的抖动，但运行较快；设置太大会减小抖动，但物理引擎的求解过程较长。

图 6-20　铰链关节的限制参数

为了说明铰链关节的使用方法，我们创建如下的两个游戏对象：门柱和门，如图 6-21(a)所示，相关的参数如图 6-21(b)所示。

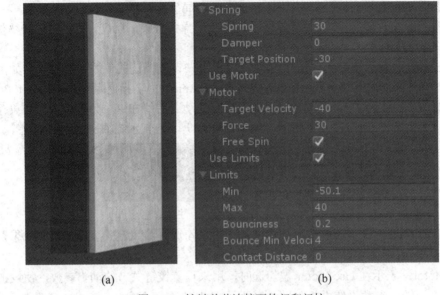

(a)　　　　　　　　　　　　(b)

图 6-21　铰链关节连接下的门和门柱

6.4.3　弹 簧 关 节

弹簧关节用于模拟两个刚体之间的弹性连接，其参数面板如图 6-22 所示。大多数参数含义与 6.4.1 小节所介绍的固定关节和 6.4.2 小节介绍的铰链关节所对应的参数含义一致，在此不重复赘述。

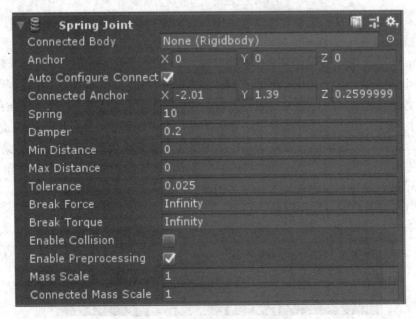

图 6-22　弹簧关节参数面板

其他参数的含义介绍如下。

(1) Anchor：关节本端的锚点。

(2) Connected Anchor：关节另端的锚点。

(3) Spring：弹力系数。

(4) Min Distance：弹簧失效(不输出力)的距离下限，即如果两个对象之间的当前距离与初始距离的差大于此值，则不会开启弹簧。

(5) Max Distance：弹簧失效(不输出力)的距离上限，即如果两对象之间的距离与初始距离的差值小于此值，则不会开启弹簧。Min Distance 和 Max Distance 确定了物体最终偏离目标的大致位置。

(6) Tolerance：容错，表示刚体在原有 Min Distance 和 Max Distance 所设定的范围基础上允许的变化量。该值如果设置过大，则物理引擎不执行相关计算，意味着没有弹簧效果。如果设置太小，接近等于 0，则需要消耗更多的计算量。

在场景中导入立方体游戏对象 ACube，其位置设置为(0, 0.5, 0)，如图 6-23 所示。给 ACube 添加弹簧关节，其本端锚点设为(0, 0, 0)，不勾选"Auto Configure Connected Anchor"，设置另端锚点位置为(0, 3, 0)，此时弹簧的初始距离为 3。弹力系数设置为 10，关节的 Min Distance 和 Max Distance 分别设置为 0.3 和 0.3，Tolerance 设置为 0，取消刚体的重力和运动摩擦阻力。将弹簧阻尼设置为 0。

图 6-23　弹簧关节的应用

将下面的 fvc_spring_joint 代码添加到 ACube 上，运行程序，可以看到 ACube 在 y 轴上绕着另端锚点上下运动，其运动范围由弹力系数、弹簧阻尼系数和所施加的力所确定。ACube 最终停留在(0, 3.3, 0)附近。如果将 Tolerance 设置为非零的值，则运动范围可以在该值的基础上进一步扩大。比如 Tolerance = 0.1，则 y 的变动范围大致为 2.6～3.4。可以进一步考虑，如果设置 Min Distance 和 Max Distance 都为 0，表示 ACube 与其目标位置的偏离为 0，Acube 最终停留在(0, 3, 0)附近。所以，通过设置 Min Distance、Max Distance 和 Tolerance，可以控制弹簧关节连接的刚体最终停留的大致位置。

```
public class fvc_spring_joint : MonoBehaviour{
    public float f;
    void Start(){
        Rigidbody gb = this.GetComponent<Rigidbody>();
        gb.AddForce(new Vector3(0, f, 0));
    }
}
```

6.4.4 角色关节

角色关节(Character Joint)主要用来模拟布偶动作，即角色的骨骼关节，其参数面板如图 6-24 所示。角色关节的部分参数是从其基类继承而来，这部分参数在前面已经介绍，在此不重复赘述。

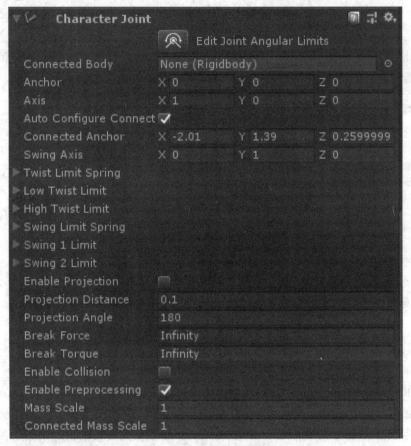

图 6-24 角色关节参数面板

下面给出角色关节特有的参数的含义。

(1) Axis：扭转轴，轴方向定义在本地坐标空间，用橙色箭头标注。游戏对象的身体部位在此轴方向上的运动被限制。

(2) Low Twist Limit：指定绕扭转轴的旋转下限，其中包括三个参数，Limit 表示旋转的限制角度，用(°)表示；Bounce 表示扭转弹力，将对象旋转回位，取值在 0～1 之间，0代表完全没有弹性，1 代表完全弹性；Contact Distance 表示关节与 Limit 值之间角度偏差的冗余，冗余越小，对象旋转越过 Limit 的可能性越低。

(3) High Twist Limit：指定绕扭转轴的旋转上限。如果扭转下限为 −30°，扭转上限为 50°，则身体部分绕扭转轴的范围为 −30°～50° 之间。

(4) Twist Limit Spring：给关节的扭转轴添加弹力，将对象从 Limit 参数所指定的角度旋转回位，有两个参数，Spring 表示关节的扭转弹力；Damper 表示关节扭转运动的阻尼。

(5) Swing Axis：摆动轴，轴方向定义在本地坐标空间，用绿色箭头标注。游戏对象的身体部位在此轴方向上的运动被限制。

(6) Swing Limit Spring：给关节的摆动轴添加弹力，将对象从 Limit 参数所指定的角度旋转回位。有两个参数，Spring 表示关节的摆动弹力；Damper 表示关节摆动的阻尼。

(7) Swing 1 Limit：用于限制绕摆动轴的旋转。与扭曲轴的旋转限制类似，也有三个参数：Limit 给出绕摆动轴的旋转角度，对称表示，即在 −Limit～+Limit 之间旋转。其他两个参数 Bounce 和 Contact Distance 与扭转轴中相应参数的含义一致。

(8) Swing 2 Limit：绕第二摇摆轴的旋转限制。垂直于扭转轴和摇摆轴的另外一个轴，称为第二摇摆轴，没有进行图形标注。Swing 2 Limit 与 Swing 1 Limit 一样，有三个参数，且每个参数的含义都相同。

(9) Enable Projection：使用投影。投影是人为引入的处理过程，用于纠正角色关节运行时出现的违背约束条件的相关问题。一般情况下不用勾选此项。

(10) Projection Distance：投影距离，距离的容错阈值。如果关节连接对象在锁定的某个平移自由度上超过该阈值，关节求解器会将它们的距离拉近，限制在该设定的距离之内。该值不能设置太小，否则会出现抖动现象。

(11) Projection Angle：投影角度，角度的容错阈值。如果关节连接对象在锁定的某个旋转自由度上超过该阈值，关节求解器会将它们限制在该阈值之内。

在场景中设计图 6-25 所示的左右两个骨骼，骨骼之间用关节连接起来。右边的骨骼设定为静止，左边骨骼可以绕关节做动作。为此，我们给左边的骨骼添加角色关节组件，并设定该组件的扭转轴为(1, 0, 0)，摆动轴为(0, 1, 0)。第二摆动轴则为(0, 0, 1)。

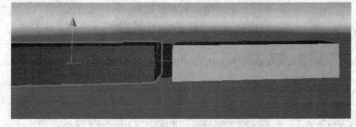

图 6-25　使用角色关节的游戏对象

下面我们逐一分析角色关节三个轴的参数使用方法。

(1) 扭转轴限制为 0°，摆动轴限制为 40°，第二摆动设定为 0°，将 fvc_character_joint 代码添加到左骨骼对象上，运行程序，结果如图 6-26(a)所示，做骨骼绕摆动轴旋转一个角度。

(2) 将扭转限制和摆动限制都设为 0°，第二摆动限制设置为 40°，同时启用刚体的重力效果，将摆动轴限制的弹性设定为 40，运行程序，可以看到骨骼绕着第二摆动轴做如图 6-26(b)所示的上下摆动。

(3) 设置摆动轴和第二摆动轴的限制都为 0°，扭转轴限制设为 −40°～+40°之间，扭转弹性设为 40，将下面的 fvc_character_joint_twist 代码添加到对象上，该代码给做骨骼添加了一个力矩。运行程序，结果如图 6-26(c)所示。可以看到左骨骼绕扭转轴左右旋转。

(a) 绕摆动轴的旋转

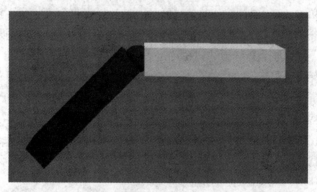

(b) 绕第二摆动轴的旋转

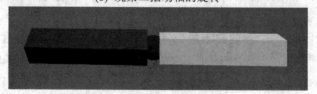

(c) 绕扭转轴的旋转

图 6-26　角色关节的应用

```
public class fvc_character_joint : MonoBehaviour{
    public float f;
    void Start(){
        Rigidbody rb = this.GetComponent<Rigidbody>();
        rb.useGravity = false;
        rb.AddForce (new Vector3(0,0,f));
    }
}
```

```
public class fvc_character_joint_twist : MonoBehaviour{
    public float f;
    void Start(){
        Rigidbody rb = this.GetComponent<Rigidbody>();
        rb.useGravity = false;
        rb.AddForceAtPosition(new Vector3(0,0,f),
                            transform.position+new Vector3(0,1,0));
    }
}
```

6.4.5 可配置关节

Unity 提供的可配置关节(Configurable Joint)是一种非常灵活的连接，可以自由控制被连接对象的旋转和平移。所以，原则上我们可以使用可配置关节取代前面介绍的其他关节。由于可配置关节的参数繁多，如图 6-27 所示，配置过程复杂，在满足需求的前提下，在实际开发中尽量使用前面介绍的关节。

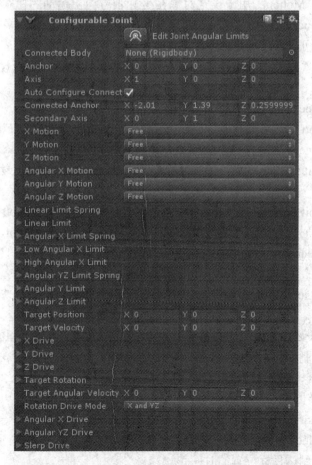

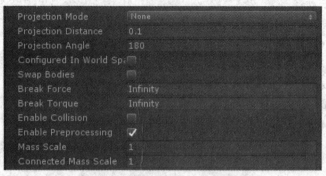

图 6-27　可配置关节的参数面板

图 6-27 中的可配置关节的部分参数已经在前面进行了介绍，在此我们不重复赘述。接下来我们只是介绍新出现的参数。

(1) Axis：关节所在的对象绕此轴旋转。定义在对象的本地坐标系上，类似角色关节的扭转轴。

(2) Secondary Axis：用于指定对象的第二个旋转轴，也是定义在对象的本地坐标系中，类似角色关节的摆动轴。第三个旋转轴则垂直 Axis 和 Secondary Axis，类似角色关节的第二摆动轴。Axis 和 Secondary Axis 一起形成关节的坐标系。

(3) X、Y、Z Motion：用于设定对象在坐标轴方向上运动的模式，三个模式分别是 Free(自由运动)、Locked(锁定)、Limited(限制)。"自由运动"表示对象在此方向上的运动没有任何阻碍，只可以通过设定的驱动力(Drive)来限制它。"锁定"表示对象即使设置了弹力也无法运动。"限制"表示对象可以在设定的范围内运动，也受设定的弹力的影响。

(4) Angular X、Y、Z Motion：用于设定对象绕坐标轴旋转的模式，三个模式分别是 Free(自由旋转)、Locked(锁定)、Limited(限制)。

(5) Linear Limit：有三个参数，Limit 表示设定坐标轴上的运动范围，从坐标原点到指定位置；Bounciness 表示拉力，将对象从 Limit 指定的位置拉回；Contact Distance 表示关节位置与 Limit 值之间距离偏差的冗余，冗余越小，对象高速运动越过 Limit 的可能性越低。

(6) Linear Limit Spring：在 x、y 和 z 轴的运动模式设定为 Limited 时，该选项用于设定回位的弹力和阻尼力。类似于角色关节的 Twist Limit Spring 和 Swing Limit Spring。

(7) Low Angular X Limit：用于指定绕 x 轴旋转的角度下限，类似于角色关节的 Low Twist Limit。

(8) High Angular X Limit：用于指定绕 x 轴旋转的角度上限，类似于角色关节的 High Angular Limit。

(9) Angular Y、Z Limit：用于指定绕 y、z 轴旋转的限制，类似上面的 Angular X Limit，只不过此时旋转限制在初始角度到 Limit 所指定的角度之间。

(10) Angular X、YZ Limit Spring：类似角色关节中的 Twist Limit Spring，用于指定绕 x 轴、y 和 z 轴旋转回位的弹力和阻尼力。

(11) Target Position：目标位置，指定在驱动力作用下关节运动所要到达的目标位置。

(12) Target Velocity：目标速度，在驱动力作用下关节到达目标位置所需的运动速度。指定的速度越大，到达目标位置的时间越短。

(13) X、Y、Z Drive：分别用于指定关节沿 x、y、z 轴运动所需的驱动力。有三个参数，Position Spring 表示推力，将对象沿指定坐标推动至目标位置；Position Damper 表示移动过程中的阻尼力；Maximum Force 表示指定驱动力所能使用的最大推力。

(14) Target Rotation：目标角度(或朝向)，在旋转驱动力作用下关节所要达到的朝向(用四元数表示)。

(15) Target Angular Velocity：目标旋转速度，在旋转驱动力作用下到达目标朝向所需的旋转速度。指定的速度越大，到达目标角度的时间越短。

(16) Rotation Drive Mode：用于指定旋转驱动模式。如果选 X 和 YZ 模式，则表示使用 Angular X Drive 和 Angular YZ Drive 驱动力实现旋转。如果选 Slerp 模式，则表示使用 Slerp Drive 驱动力实现旋转。

(17) Angular X Drive：关节绕 x 轴的旋转驱动力。有三个参数，Position Spring 表示旋转力矩，将对象绕 x 轴旋转至目标朝向；Position Damper 表示旋转过程中的阻尼力；Maximum Force 表示指定旋转驱动所能使用的最大力矩。

(18) Angular YZ Drive：关节绕 y 和 z 轴的旋转驱动力，类似于 Angular X Drive。

(19) Slerp Drive：插值驱动力。当旋转驱动模式选为 Slerp 时，该驱动力发挥作用。与绕指定轴的驱动力不同，插值驱动力使用四元数插值方法旋转关节至指定目标朝向。

6.5　物 理 材 质

在 6.4 节中我们介绍了三种基本的碰撞器，分别是盒子碰撞器、球形碰撞器和胶囊碰撞器，其中都涉及物理材质的使用。物理材质用来模拟物体接触面的摩擦和弹性属性。"Assets"面板点击右键→"create"→"Physic Material"可以创建一个物理材质，检视图面板上显示的参数如图 6-28 所示。

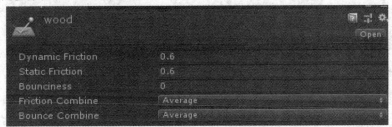

图 6-28　物理材质的参数面板

下面分别介绍图 6-28 中的参数含义。

(1) Dynamic Friction：滑动摩擦系数，取值范围在 0～1 之间，0 表示没有滑动摩擦力，1 表示摩擦力非常大。

(2) Static Friction：静摩擦系数，表示物体滑动之前物体接触面之间的摩擦，取值范围在 0～1 之间，0 表示没有静摩擦力，1 表示静摩擦力非常大。

(3) Bounciness：表示物体表面的弹性，取值范围在 0～1 之间，0 表示没有弹性，1 表示弹性非常大(每次碰撞时不会损失能量)。

(4) Friction Combine：表示两个碰撞的物体间摩擦的组合(或相互影响)方式，有四种可选项，即 Average、Minimum、Maximum 和 Multiply。Average 表示取两个接触面的摩擦系数平均值，Minimum 表示取两者的最小值，Maximum 表示取两者的最大值，Multiply 表示取两者的乘积。

(5) Bounce Combine：表示两个碰撞物体间弹性的组合方式，也有四种可选项，即 Average、Minimum、Maximum 和 Multiply。每个选项的意义类同于 Friction Combine 中的选项，在此不重复赘述。

制作好物理材质之后，可以将该材质拖拽给指定的碰撞器 Collider 上的 Material。或点击碰撞器的 Material 选框边上的小圆圈，选择指定的物理材质。

物理材质的 C#类为 PhysicMaterial。fvc_slope_phys_material 中的代码演示了 PhysicMaterial 类的基本使用。首先利用 PhysicMaterial 的构造函数建立实例。然后设定该物理材质的静态摩擦系数和弹性系数，并输出默认时摩擦力和弹力的组合方式。最后将该物理材质赋给盒子碰撞器。将下面的 fvc_slope_phys_material 代码添加到图 6-29 所示的斜面上，运行程序。通过修改代码中动摩擦系数，查看运行结果的变化。

```csharp
public class fvc_slope_phys_material: MonoBehaviour {
    public GameObject tilted_surface;
    public GameObject slipe_bulk;
    void Start () {
        PhysicMaterial pm1 = new PhysicMaterial();
        pm1.dynamicFriction = 0.15f;
        pm1.staticFriction = 0.01f;
        PhysicMaterial pm2 = new PhysicMaterial();
        pm2.dynamicFriction = 0.15f;
        pm2.staticFriction = 0.01f;

        Rigidbody rb2 = slipe_bulk.AddComponent<Rigidbody>();
        rb2.mass = 1.0f;
        rb2.useGravity = true;

        BoxCollider bc1 = tilted_surface.GetComponent<BoxCollider>();
        BoxCollider bc2 = slipe_bulk.GetComponent<BoxCollider>();
        bc1.material = pm1;
        bc2.material = pm2;
    }
    void Update(){
        print(fvc_tools.to_string(slipe_bulk.GetComponent<Rigidbody>
        ().velocity));
    }
}
```

图 6-29 滑块在斜面上的滑动

习 题

6.1 为了模拟游戏对象的重力效果，比如模拟自由下落过程，需要用到什么物理组件？

6.2 刚体组件中的 Collision Detection 有什么功能？如何使用 Collision Detection？

6.3 刚体组件所对应的 C#类是什么？该类的 Add Force 和 Add Torque 函数有何意义？

6.4 参考 6.2 小节中 fvc_rigidbody_ projectile 代码，实现小球的斜抛运动。

6.5 碰撞器组件在游戏中发挥什么作用？请列出 6 种 3D 碰撞器的名称，并简要说明其功能。

6.6 盒子碰撞器组件中的 Is Trigger 参数有何作用？当该参数被勾选时，盒子碰撞器所关联的游戏对象能否实现碰撞检测？

6.7 碰撞器的碰撞响应函数 On Trigger Enter 和 On Collision Enter 有何区别？

6.8 为了模拟两个游戏对象之间的摩擦力效果，应该使用 Unity 的什么组件？

6.9 如何利用 Unity 编辑器创建物理材质？创建物理材质之后，如何才能使物理材质发挥作用？

6.10 Unity 提供的主要关节有哪些？关节在游戏对象运动过程中发挥什么？

6.11 利用弹簧关节模拟立方体对象的弹簧悬挂效果，观察立方体对象在取消和添加重力效果时的运动有何不同？

第 7 章　声　音　效　果

虚拟现实应用和游戏的虚拟环境除了视觉效果之外还要有声音效果，音效在沉浸式体验方面是不可或缺的。本章在介绍基本声音常识的基础上，重点介绍 Unity 的音效系统，主要包括 Unity 音效系统的基本构成、声音片段、声源游戏对象和声源组件、声音监听器、音频过滤器，最后简单介绍 Unity 的音效管理器。通过本章的学习，读者可以掌握 Unity 音效系统的开发流程以及相关组件的基本知识。

7.1　声音的基本知识

7.1.1　声音的编码调制

正常人耳能听到的声音频率在 20 Hz 到 20 kHz 之间。在现实中我们听到的计算机上的声音是时间连续的模拟信号，这种模拟信号经过波形编码，转换成数字信号之后才能在计算机上播放。对声音信号进行的脉冲编码调制(Pulse Code Modulation，PCM)是一种最简单、也是使用最广泛的波形编码机制。PCM 包括三个步骤：① 对声音信息进行采样；② 量化；③ 编码。

PCM 音频广泛用于计算机、蓝光光碟 Blue-ray、光盘 compact disc-CD、数字视频光盘 digital video disc-DVD 和其他数字音频应用中。PCM 文件没有经过压缩，保存了最原始的音频数据，所以文件较大。

自适应差分 PCM(Adaptive Differential PCM，ADPCM)相比 PCM 来说其量化能随信号值变化，做自适应调整，以提高量化信噪比。ADPCM 具有算法比较简单、延迟低、重建信号音质好等优点。

7.1.2　声道及 3D 立体声

声道(Sound Channel) 是指声音在录制时从不同空间位置采集的相互独立的音频信号。声音可以包含一个或多个声道。声卡所支持的声道数是衡量声卡档次的重要指标之一，下面我们对具有不同声道数的声音形式分别进行简单介绍。

如果声音只有一个声道，我们就说该声音是单声道(Mono)的。单声道缺乏对声音的位置定位，是比较原始的声音复制形式。早期的声卡只能支持单声道声音。如果声音有两个声道，我们就称之为立体声，声音在录制过程中被分配到两个独立的声道，从而达到很好的声音定位效果。立体声可以让听众感受到声音的传播方向，使听众具有很好的临场感受。如果声音有三个或三个以上声道就称之为环绕声。环绕声有前、后、左、右四个声道，常用于影院的音效系统。

使用 3D 音频技术得到的声音称为 3D 立体声。3D 立体声除了有前、后、左、右四个声道外，还提供了上、下两个声道。此外，3D 立体声会随着距离衰减，即距离越近声音越大，距离越远声音越小，可以得到更好的空间感受。3D 立体声具有比环绕声更好的动态和沉浸效果，比如在射击游戏中，启用 3D 效果可以判断射击者的大致位置。3D 立体声主要应用在游戏和 VR 应用中。

7.1.3　头部关联转移函数

声音的空间效应是构成沉浸感的重要组成部分。人可以分辨出从声源发出到达左右耳的细微延迟，甚至可以从声音在房间的反射推断出房间的形状。声音在空间的传播过程中会出现声音遮挡(Sound Occlusion)。这种遮挡可以分为两种情况，一种是部分遮挡，即游戏场景中的游戏对象部分遮挡了声源和接听者之间的空间，此时接听者主要听到反射而来的声音，直达声音听起来模糊；另一种是完全遮挡，即场景中的游戏对象闭塞了声源和接听者之间的空间，此时接听者听到的直达声音和反射声音都很模糊。

声音从声源传到人耳可以用一个所谓的头部关联转移函数(Head-Related Transfer Function，HRTF)表示，通过该函数我们可以根据听到的声音判断声音发出的位置。声音在空间的传播问题比较复杂，目前有很多不同的方案来处理此问题。我们可以从 Unity 的基本音效插件为基础，创建自己的 Audio Spatializer SDK，从而实现我们需要的声音空间效应。

7.2　Unity 音效系统的基本构成

音效是指由声音所产生的效果，以增加虚拟环境的真实感和气氛。在虚拟应用系统或计算机游戏中，音效是必不可少的组成部分。Unity 的音效系统包括三个基本组成部分：声音片段(Audio Clip)、声源(Audio Source)和声音监听器(Audio Listener)。为了便于理解，图 7-1 形象地描述了 Unity 音效系统各组成部分之间的关系。图中的播放器相当于声源，碟片相当于声音片段，人相当于监听器。

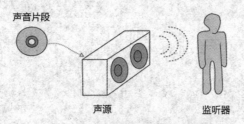

图 7-1　Unity 的音效系统组成部分

为了模拟声音的位置效果，要求将声源和监听器都附着到不同的游戏对象上。在 Unity 系统中，大多数情况下声音监听器附着在主相机上。所以，在生成新的场景时，Unity 自动创建的主相机都自带一个声音监听器。如此一来，声源和监听器之间的位置和相对速度便可以由物体的运动状态分析得到，为多普勒效应(Doppler)等音效的模拟提供方便。

利用 Unity 的音效系统可以快速实现游戏的各种音效。基本步骤如下：① 导入声音文件到项目资源，作为音效系统的声音片段；② 给场景中的特定游戏对象添加声源组件 (AudioSource)，作为音效系统的声源；③ 将声音文件拖曳至声源组件的声源片段上，并勾选"Play On Awake"；④ 运行程序，便可以执行声音的播放。接下来，我们首先详细讲解声音文件和声音片段。

7.3　声音文件与声音片段

　　Unity 支持多种声音文件格式，其中 AIFF、WAV、MP3 和 Ogg 是最为常用的几种，如表 7-1 所示。在游戏中一般存在两种声音，一种是时间较长的背景音乐，一种是时间较短的动作音效(比如按钮点击，开枪音效等)。表 7-1 的最右边栏给出了不同格式声音文件适用于背景音乐还是动作音效。声音文件作为游戏资源，可以像其他资源一样导入到 Unity 的 Assets。

表 7-1　常用的声音文件格式

格式	文件扩展名	主要适用场合
MPEG layer 3	.mp3	适用于较长的音乐文件，可用作游戏背景音乐
Ogg Vorbis	.ogg	适用于较长的音乐文件，可用作游戏背景音乐
Microsoft Wave	.wav	适用于较短的音乐文件，可用作游戏打斗音效
Audio Interchange File Format	.aiff 或 .aif	适用于较短的音乐文件，可用作游戏打斗音效

　　当我们把一个声音文件导入到 Unity 中，该声音文件就会转换为声音片段(AudioClip)。如图 7-2 所示，显示了声音文件的导入设置(Import Settings)面板。

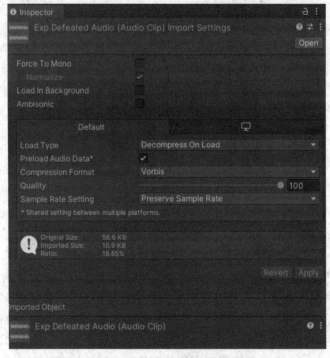

图 7-2　声音文件导入设置面板

下面我们逐一介绍声音导入设置面板中主要参数的含义：

(1) Force To Mono：用于声道转换，勾选时将立体声、多声道音频转换为单声道，声音文件大小将会减小。

(2) Normalize：在选中了 Mono 时才可用。勾选时，表示对单声道声音进行归一化处理，为峰值或均值幅度设定一个恒定增益。这是声音预处理技术之一，可以改进音质。

(3) Load In Background：独立于主加载线程并延后加载，使声音加载不阻塞主加载线程。勾选时，可以提升声音整体加载时间和减少加载数量。

(4) Ambisonic：用于高保真立体声像复制，是声音编码格式之一。当声音文件支持这种格式时，勾选该选项可形成声音场绕听者旋转，实现三维全覆盖的 360°沉浸式全景环绕声效果。

(5) Load Type：① Decompress On Load 表示声音一旦被加载就会解压储存于内存中，使用该选项可以提供更好的声音响应，但会占用较多内存，尤其是 Vorbis 编码的声音，因此比较适合短小的声音；② Compressed In Memory 表示声音在内存中以压缩的形式储存，等播放时再解压，这种方式有轻微的效率减损，但节省了内存，因此适合 Vorbis 形式的大文件；③ Streaming 表示播放时解码，这种方式占用内存最小，却增加了磁盘读写和解压，基本上是大文件才会采用的设置。

(6) Preload Audio Data：表示在进入场景时预加载音效。如果不勾选此项，则直到第一次被使用时才加载。

(7) Compression Format：① PCM 适用于高品质、短声音效果，代价是文件较大；② ADPCM(Adaptive Differential PCM)适用于一些包含噪声且会被多次播放的音频，如脚步声、打击声、武器声等，文件大小是 PCM 的 1/3.5，CPU 消耗却比 Vorbis 小；③ Vorbis 将文件压缩得更小，质量比 PCM 要差一些，适用于中等长度的音效和音乐。总体而言，PCM 和 Vorbis/MP3 格式声音都能保持与源文件声音接近。PCM 是非压缩，能直接从内存读取，因而对 CPU 要求较低。Vorbis/MP3 通过 Quality 滑块适当过滤掉了几乎无法感知的音频。

(8) Quality：代表品质，该选项决定了压缩声音片段的压缩程度，只有在压缩格式选用 Vorbis 时，该选项才可用。

7.4 声源游戏对象

右键点击编辑器的 Hierarchy 面板，点击右键并选择"GameObject"→"Create"→"Audio"→"Audio Source"，可以创建声源的游戏对象，其属性面板如图 7-3 所示。实际上，我们可以给一般的游戏对象添加声源组件(选中该游戏对象，点击并选中"Add Component"→"Audio"→"Audio Source")，使其变成声源游戏对象。声源游戏对象自然也包含有一个 Transform 组件，通过该组件可以调整声源位置。

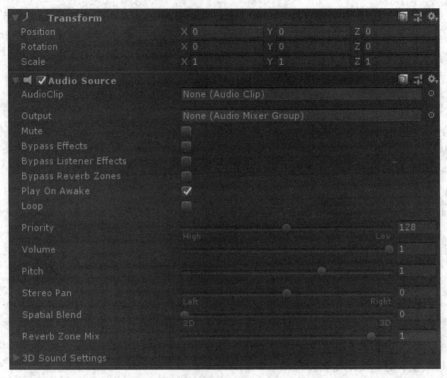

图 7-3　声源对象的属性面板

7.4.1　声源组件

声源游戏对象必定具有声源组件(AudioSource)，见图 7-3。下面我们逐个介绍声源组件的各个属性的含义。

(1) Audio Clip：用于指定要播放的声音片段(声音文件)。

(2) Output：用于将该声音输出到监听器(Audio Listener)或 Audio Mixer。

(3) Mute：用于声源静音。此时，声音数据不会被卸载，可以做到及时播放。

(4) Bypass Effects：表示实现旁道效应。此时系统启用旁道滤波器，可以降低声音的失真度。滤波器包括"高通滤波""低通滤波""回波滤波""扭曲滤波""回音滤波""和声滤波"等。

(5) Bypass Listener Effects：类似上面的 Bypass Effects，该选项作用于声音监听器。

(6) Bypass Reverb Zones：类似于 Bypass Effects，但作用于混响区域。混响是指声源停止发出声音之后，声音在周围环境中经过多次反射和吸收，最后才消失。

(7) Play On Awake：勾选此项时，场景启用的时刻便自动播放该声音，否则必须在代码中执行 Play()函数。

(8) Loop：表示循环播放声音。

(9) Priority：用于设定该声源在所有声源当中的优先级别。0 为最高，最低为 256，缺省为 128。背景音乐最好使用 0，避免有时被其他音源替换出去。

(10) Volume：代表音源音量，代表了监听器处于距离音源 1 米时的音量大小，其值在 0～1 之间变化。

（11）Pitch：代表音调，表示播放音频时速度的变化量，默认为 1。取值为 1 时表示正常速度播放，音调正常。取值小于 1 时表示慢速播放，音调变低。取值大于 1 时表示快速播放，音调变高。

（12）Stereo Pan：用于分配 2D 声源的左右声道占比，取值范围在 –1～+1 之间。默认值为 0，表示左右声道输出同样音量大小。此项针对 2D 声源，或者 2D、3D 混合声源，纯 3D 声源无效。

（13）Spatial Blend：表示空间混合，取值范围在 0～1 之间变化，用以指定当前音源是 2D 音源、3D 音源，还是二者插值的复合音源。此参数决定了引擎作用在此音源上的 3D 效果的分量。主要影响"3D Sound Settings"属性组中的参数表现。音效系统如果采用 2D 音源，声音在距离上不衰减，也就没有多普勒效果。

（14）Reverb Zone Mix：代表混响区混合系数。通过该参数设置声源输出到混响区域中的信号量，一般在[0, 1]范围内取值，不过也允许额外最多放大 10 分贝来增强声音的远近效果。影响混响效果的很多复杂参数主要通过音频混响滤波器来设置。

利用声源组件可以快速实现多普勒效应。按下面的步骤构建一个简单的场景进行演示。

（1）新建空游戏对象，并添加 Audio Source 组件。

（2）设定该 Audio Source 组件中的 Audio Clip。

（3）调整 Audio Source 组件中的 Spatial Blend，使得 2D 和 3D 效果混合，或纯粹为 3D 效果。

（4）增加 Doppler Level 到 3.0 左右。

（5）运行游戏，并返回到场景中移动声源游戏对象，可以听到明显的音调变化。

7.4.2　AudioSource 类

在实际开发中，我们经常会用到 Unity 音效系统中相关的 C#类。接下来，我们介绍声源组件 AudioSource 类。在前面介绍声源组件的参数面板时已经对 AudioSource 类的一些实例性质进行了详细说明，在此只是列出并做简单说明。

```
public AudioClip clip;
public float pitch;
public float volume;
public bool isPlaying;
public bool loop;
public bool mute;
public bool playOnAwake;
```

其中：

（1）clip：表示声源组件的声音文件，对应图 7-3 中的 Audio Clip。

（2）pitch：表示音调/音调，对应图 7-3 中 Pitch。

（3）volume：表示是声音的音量，对应图 7-3 中的 Volume。

(4) isPlaying：用于判断声音是否在播放。

(5) loop：用于设置声音是否重复播放。

(6) mute：用于设置静音。

(7) playOnAwake：用于设置是否在组件唤醒时马上播放。

下面的一组性质主要处理声源的空间效应。

```
public bool spatialize;
public bool spatializePostEffects;
public float spatialBlend;
public float reverbZoneMix;
public float panStereo;
```

其中：

(1) spatialize：表示是否启用声源的空间效应。启用空间效应时，通过插入双耳头部关联函数，使接听者能更好感受到声音的方向性。

(2) spatializePostEffects：表示空间效应是在滤波器之前还是之后插入。

(3) spatialBlend：对应图 7-3 中的 Spatial Blend。

(4) reverbZoneMix：对应图 7-3 中 Reverb Zone Mix。

(5) panStereo：对应图 7-3 中的 Stereo Pan。

AudioSource 类用于播放声音的三个基本函数如下：

```
public void Play();
public void Pause();
public void Stop();
```

其中：

(1) Play：用于播放指定的声音文件 clip。

(2) Pause：用于暂停正在播放的声音，下一次播放时从当前位置继续开始。

(3) Stop：用于停止正在播放的声音，下一次播放则从头开始。

下面的 fvc_audio_base 代码演示了 AudioSource 的基本使用方法。首先，在 Start 函数给游戏对象添加 AudioSource 组件，并设定 loop 为 true。在 OnGUI 函数中创建按钮和滑动条，用以设置声源。将 fvc_audio_base 添加到场景中的空游戏对象，并确保主相机中有声音监听器。

```
public class fvc_audio_base : MonoBehaviour {
    public AudioClip clip;
    private AudioSource source;
    private float volume = 1f;
    private float pitch = 1f;
```

```
void Start() {
    source = gameObject.AddComponent<AudioSource>();
    source.loop = true;
}
void OnGUI(){
    if (GUI.Button(new Rect(10, 10, 200, 100), "Play")){
        source.clip = clip;
        source.Play();
    }
    if(GUI.Button(new Rect(10, 120, 200, 100), "Pause")){
        source.Pause();
    }
    if(GUI.Button(new Rect(10, 240, 200, 100), "Stop")){
        source.Stop();
    }
    GUI.Label(new Rect(220, 20, 100, 50),"Volume");
    volume = GUI.HorizontalSlider(new Rect(220, 60, 200, 50), volume, 0, 1);
    source.volume = volume;
    GUI.Label(new Rect(220, 120, 100, 50), "Pitch");
    pitch = GUI.HorizontalSlider(new Rect(220, 170, 200, 100), pitch, 0, 2);
    source.pitch = pitch;
    }
}
```

运行程序的结果如图 7-4 所示。点击 Play 按钮播放指定的声源文件，点击 Pause 按钮，再点击 Play 按钮可以继续播放。如果点击 Stop，再点击 Play 时会发现乐曲从头开始播放。调节 Volume 和 Pitch 滑块，体会改变声源音量和音调的变化。

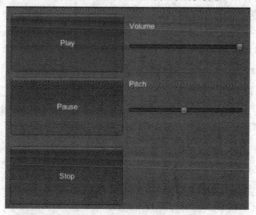

图 7-4 fvc_audio_base 的运行结果截图

下面的函数可以对声音播放实行更多的控制。

```
public void PlayDelayed(float delay);

public void PlayScheduled(double time);

public void PlayOneShot(AudioClip clip, float volumeScale = 1.0F);
```

其中:

(1) PlayDelayed: 使声音延迟一定的时间(单位为 s)之后再播放。

(2) PlayScheduled: 表示在指定的时间上播放声音。

以 AudioSettings.dspTime 作为时间起点，预定播放时间。下面的 fvc_audio_play 代码表示运行启动程序之后 10 s 播放声音。可以看出，PlayDelayed 和 PlayScheduled 函数都可以指定声音的播放时间，但它们在使用上有所不同。代码如下:

```
public class fvc_audio_play : MonoBehaviour {
   public AudioClip clip;
   private AudioSource source;
   void Start () {
       source = this.gameObject.AddComponent<AudioSource>();
       source.clip = clip;
       source.playOnAwake = false;
       source.PlayScheduled(AudioSettings.dspTime+10);
       source.PlayDelayed(10);
   }
}
```

(3) PlayOneShot 函数表示播放指定的声音片段，并同时指定播放音量。查看下面的 fvc_play_one_shot 代码。首先，给游戏对象添加声音组件 source，设定该声音组件的声音片段为 clip1。然后，调用 PlayOneShot 函数播放 clip2。最后，调用 PlayScheduled 函数。运行该代码，程序开始播放 clip2，10 s 之后接着播放 clip1。可以发现两个声音可以叠加在一起进行播放，也就是说 PlayOneShot 不会干扰或删除已经正在播放的声音，比如调用 PlayOneShot 或 Play 函数所播放的声音。

```
public class fvc_play_one_shot : MonoBehaviour {
   public AudioClip clip1, clip2;
   void Start () {
       AudioSource source = this.gameObject.AddComponent<AudioSource>();
       source.clip = clip1;
       source.PlayOneShot(clip2, 0.5f);
       source.PlayScheduled(AudioSettings.dspTime + 10);
   }
}
```

下面的两个函数获取声源的输出。

```
public void GetSpectrumData(float[] samples, int channel, FFTWindow window);
public void GetOutputData(float[] samples, int channel);
```

（1）GetSpectrumData：用于获取声源的频谱数据。取样的数目，即数组 samples 的长度必须是 2 次方。channel 表示进行取样的声道。window 表示基于加窗快速傅里叶变换(FFT)的频谱分析类型。

（2）GetOutputData：用于获取指定声道的声音取样数据，取样的数目，即 samples 数组的长度必须是 2 次方。

GetSpectrumData 函数用于获取声源的频谱数据。下面的 fvc_spectrum_data 代码演示了 GetSpectrumData 函数的基本使用方法。取样的数目，即数组 samples 的长度必须是 2 次方；channel 表示进行取样的声道；window 表示基于加窗快速傅里叶变换(FFT)的频谱分析类型。

```
public class fvc_spectrum_data : MonoBehaviour {
    public AudioSource source;
    void Update () {
        float[] spectra = new float[256];
        float[] output = new float[256];
        source.GetSpectrumData(spectra, 0, FFTWindow.Rectangular);
        source.GetOutputData(output, 0);
        for (int i = 1; i < spectra.Length - 1; i++){
            Debug.DrawLine(new Vector3(Mathf.Log(i - 1), spectra[i - 1] - 10, 1),
                new Vector3(Mathf.Log(i), spectra[i] - 10, 1), Color.green);
        }
        for (int i = 1; i < output.Length - 1; i++)
        {
            Debug.DrawLine(new Vector3(Mathf.Log(i - 1), output[i - 1] - 10, 1),
                new Vector3(Mathf.Log(i), output[i] - 10, 1), Color.red);
        }
    }
}
```

7.4.3　3D 声音设置及距离曲线

点开声源组件检视图面板上的 3D 声音设置(3D Sound Settings)，可以打开 3D 声音的参数设置窗口，如图 7-5 所示。

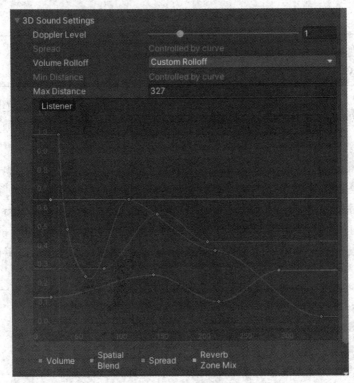

图 7-5　3D 声音设置窗口

下面我们逐一介绍图 7-5 中各参数的含义。

(1) Doppler Level：多普勒等级，其值在 0～5 之间变化，默认值为 1，决定了音源的多普勒效应的分量，如果设置为 0，则没有多普勒效应。

(2) Spread：用于设置立体声传播角度，在 0°～360°之间变化。

(3) Volume Rolloff：衰减模式，代表了声音在距离上的衰减速度。有三种方式可供选择：Logarithmic Rolloff(对数衰减曲线)、Linear Rolloff(线性衰减曲线)、Custom Rolloff(自定义衰减曲线)。

(4) Min Distance：最小距离，默认值为 1 米，代表了音量曲线中的最大音量位置。超越最小距离时，声音将逐渐衰减。如果增大最小距离，则将相当于增大了 3D 世界中的声音，因为最小距离以下的位置均获得最大音量。如果减小最小距离，则相当于减小了 3D 世界中声音。

(5) Max Distance：最大距离，默认值为 500 米，当超出此距离时，声音将停止衰减。

声源组件中有些属性可以利用图 7-5 的 Listener 窗口进行可视化设计。调整窗口中的四根曲线分别表示音量(Volume)、空间混合(Spatial Blend)、立体声传播角度(Spread)和回声(Reverb)随声源与当前声音监听器之间距离的变化关系。双击曲线可以在当前鼠标位置增加调节点，拖动调节点，可以改变该曲线的形状，从而达到这些参数随距离的变化关系。

7.5　声音监听器

声音监听器(Audio Listener)在足够靠近声源时，可以接收到该声源发出的声音，并将声音通过设备播放器播放出去。在大部分应用当中，声音监听器被附着在主相机上，如图 7-6 所示。如果声音监听器在混响区域(Reverb Zone)之内，则混响效果将会应用到场景中所有可听到的声音当中。在图 7-6 所示的检视图面板上，声音监听器没有可调的参数。一般来说，需将声音监听器与声源配合使用，以产生游戏所需的听觉效果。

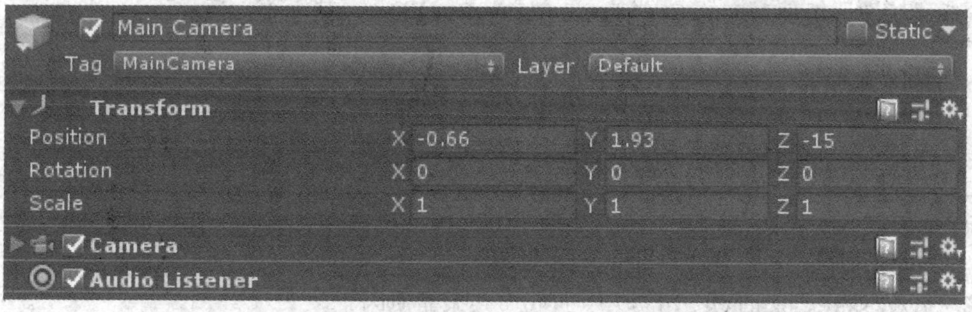

图 7-6　主相机上的声音监听器

声音监听器也可以添加其他游戏对象上。就像给游戏对象添加其他组件一样的，添加声音监听器组件的步骤也非常简单。在游戏对象的 Inspector 面板上点击 "Add Component" 按钮，再选择 "Audio" → "Audio Listener" 即可。要注意的是，每个游戏场景中只能有一个声音监听器。

7.6　音频过滤器

在现实生活中，行驶在隧道中的汽车会造成明显的声音混响效应。混响效应一般并不由场景的几何学进行严格计算，而是通过音频过滤器(Audio Filters)的方法进行模拟。Unity通过添加音频过滤器组件，改变声源和声音监听器的相关设置，可以快速实现复杂的声音效果。在添加音频过滤器组件之前必须先添加声源或声音侦听器组件。音频过滤器组件的添加顺序非常重要，因为在调用时最先使用的是先添加的过滤器。Unity 提供了多个音频过滤器，下面逐一介绍。

7.6.1　音频低通滤波器

音频低通滤波器(Audio Low Pass Filter)用来过滤掉声音的高频部分。比如，当我们在关上门和窗户的房间里面时，只能听到外面沉闷的声音，而听不到尖锐的声音。此时，我们可以利用音频低通滤波器模拟这样的场景效果。音频低通滤波器的参数面板如图 7-7 所示。

图 7-7　音频低通滤波器的参数面板

下面逐一介绍图 7-7 中各参数的含义。

(1) Cutoff Frequency：表示低通滤波器的截止频率。当设定该项时，滤波器的截止频率曲线也会随之被重新设定，该值范围为 10～22 000 Hz，缺省为 5000 Hz。

(2) Lowpass Resonance Q：表示低通共振品质因子，取值范围在 1～10 之间，缺省值为 1.0。该值越大，表示能量损失越慢，振动持续的时间越长。

低通滤波器组件对应的 C#类为 AudioLowPassFilter，其主要性质如下：

```
public float cutoffFrequency;
public float lowpassResonanceQ;
public AnimationCurve customCutoffCurve;
```

其中：

• cutoffFrequency：图 7-7 中的截止频率。

• lowpassResonanceQ：图 7-7 中的低通共振品质因子。

• customCutoffCurve：用于设置或获取自定义的截止频率曲线。如果不设置自定义的截止频率曲线，则系统使用截止频率产生一个单帧的动画曲线。

运行下面的 fvc_low_pass_filter 代码，程序窗口如图 7-8 所示。改变窗口中的截止频率和共振品质因子，查看运行效果，我们可以发现，截止频率越低，过滤掉的高频成分越多，声音越低沉，反之，则声音越尖锐。

```
public class fvc_low_pass_filter : MonoBehaviour {
    public AudioClip audio_clip;
    private AudioSource source;
    private AudioLowPassFilter filter;


    void Start () {
        source = this.gameObject.AddComponent<AudioSource>();
        source.clip = audio_clip;
        filter = this.gameObject.AddComponent<AudioLowPassFilter>();
        source.Play();
        source.loop = true;
    }
    void OnGUI() {
        if(GUI.Button(new Rect(10,10,200,100),"Cutoff=200Hz")){
            filter.cutoffFrequency = 200;
        }
        if (GUI.Button(new Rect(220, 10, 200, 100), "ResonanceQ=1")){
            filter.lowpassResonanceQ = 1;
        }
```

```
        if (GUI.Button(new Rect(10, 120, 200, 100), "Cutoff=2000Hz")){
            filter.cutoffFrequency = 2000;
        }
        if (GUI.Button(new Rect(220, 120, 200, 100), "ResonanceQ=4")){
            filter.lowpassResonanceQ = 4;
        }
        if (GUI.Button(new Rect(10, 230, 200, 100), "Cutoff=20000Hz")){
            filter.cutoffFrequency = 20000;
        }
        if (GUI.Button(new Rect(220, 230, 200, 100), "ResonanceQ=8")){
            filter.lowpassResonanceQ = 8;
        }
    }
}
```

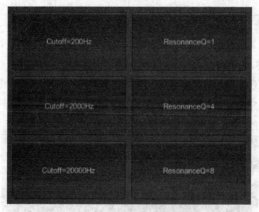

图 7-8　低通滤波器参数测试效果

7.6.2　高 通 滤 波 器

与音频低通滤波器相反，音频高通滤波器(Audio High Pass Filter)用于过滤掉声音的低频部分。音频高通滤波器的参数面板如图 7-9 所示。

图 7-9　音频高通滤波器的参数面板

音频高通滤波器的参数的含义与图 7-8 中低通滤波器的参数含义类似。CutOffFrequency 表示高通滤波器的截止频率，Highpass Resonance Q 表示高通滤波器的共振品质因子。该品质因子同样决定了滤波器的共振阻尼程度，品质因子越高，声音振动消失得越慢。音频高通滤波器组件的 C#类为 AudioHighPassFilter。

下面的 fvc_high_pass_filter 代码在 Update 函数中动态改变高通滤波器的品质因子。将该代码添加到声源游戏对象上，运行程序，试听程序的运行结果。

```csharp
public class fvc_high_pass_filter : MonoBehaviour
{
    AudioHighPassFilter hpf;
    void Start()
    {
        hpf = this.gameObject.AddComponent<AudioHighPassFilter>();
    }
    void Update()
    {
        hpf.highpassResonanceQ = (Mathf.Sin(Time.time) * 5 + 5);
    }
}
```

7.6.3　合声滤波器

合声滤波器(Audio Chorus Filter)利用正弦低频振荡器(sinusoid low frequency oscillator)调制声音片段发出原始声音信号，使原始声音发生细微差别，进而模拟得到多声源形成的合声效果。合声滤波器的参数面板如图 7-10 所示。

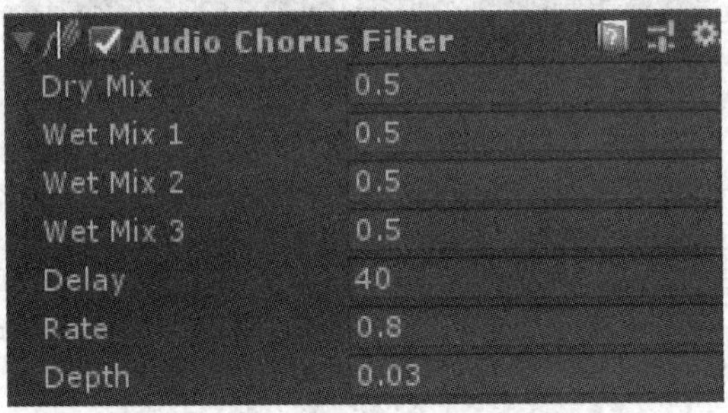

图 7-10　合声滤波器的参数面板

其中：

(1) Dry Mix：原始声音信号输出的音量，取值范围在 0.0～1.0 之间，默认值为 0.5。

(2) Wet Mix 1：第一个合声节拍的音量，取值范围在 0.0～1.0 之间，默认值为 0.5。

(3) Wet Mix 2：第二个合声节拍的音量，取值范围在 0.0～1.0 之间，默认值为 0.5。

(4) Wet Mix 3：第三个合声节拍的音量，取值范围在 0.0～1.0 之间，默认值为 0.5。

(5) Delay：低频振荡器的延迟，取值范围在 0.1～100.0 ms 之间，默认值为 40 ms。

(6) Rate：低频振荡器的调制速率，取值范围在 0.0～20.0 Hz 之间，默认值为 0.8 Hz。

(7) Depth：调制深度，也就是调制波的幅度与载波幅度的比值，取值范围在 0.0～1.0 之间，默认值为 0.03。

7.6.4 回 声 滤 波 器

回声滤波器(Audio Echo Filter)将声音进行一定的延时，然后重复播放。利用回声滤波器可以模拟现实中的回声效果。回声滤波器的参数面板如图 7-11 所示。

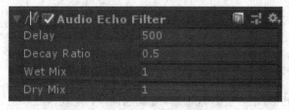

图 7-11 回声滤波器的参数面板

其中：

(1) Delay：回声的延迟时间，取值范围在 10～5000 ms 之间，缺省值为 500 ms。

(2) Decay Ratio：衰减比率，即回声经过一次延迟的衰减比率，取值范围在 0.0～1.0 之间，取值为 0.0 表示没有衰减，取值为 1.0 表示完全衰减，缺省值为 0.5。

(3) Wet Mix：回声音量，取值范围在 0.0～1.0 之间，缺省值为 1.0。

(4) Dry Mix：原始声音的音量，取值范围在 0.0～1.0 之间，缺省值为 1.0。

7.6.5 混 响 滤 波 器 和 混 响 区

音频混响滤波器(Audio Reverb Filter)将声音信号进行失真处理以创建自定义的混响效果。音频混响滤波器的参数面板如图 7-12 所示。

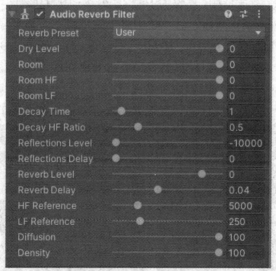

图 7-12 音频混响滤波器的参数面板

下面我们逐一介绍这些参数的含义。

(1) Reverb Preset：混响预设值。Unity 系统预设了很多不同环境下的混响滤波器，如 Room、Living Room、City 等。选择 User，可以自定义混响滤波器参数。

(2) Dry Level：原始声音信号的输出混合等级，单位为毫贝(mB)，在 -10000.0～0.0 之间取值，缺省值为 0.0。

(3) Room：低频下的房间效应等级，单位为 mB，在 -10 000.0～0.0 之间取值，缺省值为 0.0。

(4) Room HF：房间效应高频等级，单位为 mB，在 -10 000.0～0.0 之间取值，缺省值为 0.0。

(5) Room LF：房间效应低频等级，单位为 mB，在 -10 000.0～0.0 之间取值，缺省值为 0.0。

(6) Decay Time：低频下的混响衰减时间，单位为 s，在 0.1～20.0 之间取值，缺省值为 1.0。

(7) Decay HF Ratio：高频与低频的衰减时间的比率，在 0.1～2.0 之间取值，缺省值为 0.5。

(8) Reflections Level：相对于房间效应的早期反射水平，单位为 mB，在 -10 000.0～1000.0 之间取值，缺省值为 -10 000.0。

(9) Reflections Delay：相对于房间效应的早期反射延时时间，单位为 mB，在 0.0～0.3 之间取值，缺省值为 0.0。

(10) Reverb Level：相对于房间效应的后期混响等级，单位为 mB，在 -10 000.0～2000.0 之间取值，缺省值为 0.0。

(11) Reverb Delay：相对于第一次反射的后期混响延时时间，单位为 s，在 0.0～0.1 之间取值，缺省值为 0.04。

(12) HF Reference：参考高频，单位为 Hz，在 1000.0～20 000.0 之间取值，缺省值为 5000.0。

(13) LF Reference：参考低频，单位为 Hz，在 20.0～1000.0 之间取值，缺省值为 250.0。

(14) Diffusion：混响扩散程度，在 0.0～100.0 之间取值，缺省值为 100.0。

(15) Density：混响密度，在 0.0～100.0 之间取值，缺省值为 100.0。

混响区(Audio Reverb Zone)组件根据声音监听器所在的位置，将声音进行失真处理，用来模拟限制空间的声音效果。比如进入洞穴时，由于不受外面环境因素影响，此时声音形成明显的混响效果。混响区组件的可视化显示及参数面板如图 7-13 所示。

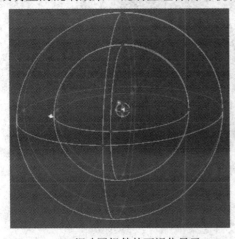
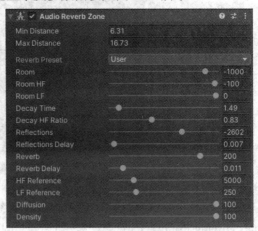

(a) 混响区组件的可视化显示　　　　　　　　(b) 参数面板

图 7-13　混响区组件及参数面板

　　混响区由两个区域组成：内部球形区域、内球与外球之间的外层区域。在混响区内会出现混响效应，在混响区之外则不会出现。外层区域由参数 Max Distance 和 Min Distance 一起控制，在此区域内开始逐渐应用混响。内部球形区域由参数 Min Distance 控制，在此区域内展现完整的混响。Reverb Preset 参数也是用来预设混响的。

7.7　音效管理器

　　通过点击"Edit"→"Project Settings"→"Audio"可以打开 Unity 的音效管理器，如图 7-14 所示。通过该管理器我们可以进行全局音频设置。

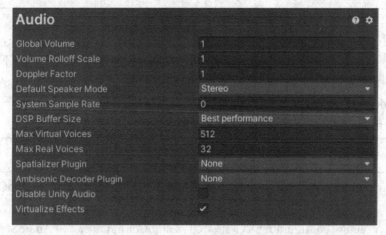

图 7-14　音效管理器

　　如果需要在运行中改变音效系统的上述参数，则需通过 AudioConfiguration 和 AudioSettings 类来实现。下面列出了 AudioConfiguration 的主要公有实例性质。

```
public int dspBufferSize;
public int numRealVoices;
public int numVirtualVoices;
public int sampleRate;
public AudioSpeakerMode speakerMode;
```

其中：

　　(1) dspBufferSize：音响输出设备的 DSP 处理器的缓存大小。

　　(2) numRealVoices：同时能听到的最多的声音数量。

　　(3) numVirtualVoices：游戏能管理的最多的声音数量。

　　(4) sampleRate：音响输出设备的采样速率，类似于视频的帧速。电影的帧速为 24 Hz，帧速越高，看到的画面越连贯。当帧速达到一定值之后，人眼很难分辨。同样的道理，音响的采样速率越高，听到的声音越连贯。当采样速率高于 44.1 kHz 时，听力就很难分辨出来。

（5）speakerMode：音频扬声器模式。可以在 AudioManager 中预先设定扬声器的模式，总共有 7 种模式：Mono、Stereo、Quad、Surround、Mode5point1、Mode7point1 和 Prologic。

下面给出了 AutioSettings 类的主要性质，其中的三个实例性质的含义与 AudioConfiguration 类中的同名性质一样，在此不重复介绍。

```
public static double dspTime;

public static AudioSpeakerMode driverCapabilities;

public int numRealVoices;

public int numVirtualVoices;

public int sampleRate;
```

其中：

（1）dspTime：音响系统的当前时间，单位为 s。dspTime 与音频的采样速率有关，比通过 Time.time 获取的时间要更加准确。当游戏或声音被暂停时，这个时间不更新，所以我们不必重新计算时间。AudioSettings.dspTime 的一个典型应用是作为 AudioSource.PlayScheduled()函数的参数使用。

（2）driverCapabilities：获取当前音频驱动程序的扬声器模式功能。

```
public static AudioConfiguration GetConfiguration();
```

GetConfiguration()：用于获取音效系统当前使用的参数配置，是 AudioConfiguration 的一个实例。

下面的 fvc_audio_configuration 代码演示了 AudioConfiguration 和 AudioSettings 的基本使用方法。将该代码添加到空游戏对象上，运行程序，查看运行的输出结果。

```
public class fvc_audio_configuration : MonoBehaviour {
    void Start () {
        AudioSettings.OnAudioConfigurationChanged += OnAudioConfigChanged;
        AudioConfiguration config = AudioSettings.GetConfiguration();
        config.speakerMode = AudioSettings.driverCapabilities;
        AudioSettings.Reset(config);
    }
    void OnAudioConfigChanged(bool changed){
        print("Audio Settings Changed!");
    }
}
```

习　　题

7.1　Unity 的音效系统主要由哪几部分构成？

7.2 如何模拟声音的多普勒效应？

7.3 声音片段是组件还是资源？

7.4 声源组件与声音片段如何关联起来？

7.5 声音组件所对应的 C#类是什么？如何通过该 C#类设定声音在程序启动时马上播放？

7.6 函数 PlayDelay 和 PlayScheduled 用来指定声音的播放时间，请分析它们有何不同。

7.7 什么是混响效果？大致讲述如何在游戏中实现混响效果。

第8章　粒子系统

虚拟现实技术中的粒子系统用于模拟大量微小颗粒形成的视觉效果，比如火焰、云层、雨雪等。粒子系统在指定的空间范围内随机发射粒子，而每个粒子有确定的形状，比如球形或圆锥形等。粒子系统确定粒子的寿命和发射速度等参数，当一个粒子的时间超过其寿命时，粒子系统被销毁。本章首先介绍 Unity 中粒子系统的游戏对象，然后详细介绍粒子系统的组件及其核心模块，最后介绍粒子系统渲染器。需要说明的是，Unity 的粒子系统是一个比较复杂的模块，限于篇幅，本章只介绍其基本概念。通过本章的学习，读者应对粒子系统的整体特征有基本了解，并掌握粒子系统的基本开发流程和相关技巧。

8.1　粒子系统的游戏对象

Unity 提供了两种粒子系统解决方案，分别是自带粒子系统(Built-in Particle System)和视觉效果图形(Visual Effect Graph)。前者是 Unity 系统提供的组件模块，利用 CPU 模拟粒子效果；后者利用 GPU，在 Unity 项目中创建大规模的粒子效果，比利用粒子系统的组件所模拟的粒子数目要多。本书中我们主要介绍自带粒子系统。

Unity 创建粒子效果的过程非常简便，点击"GameObject"→"Effects"→"Particle System"，即可以在场景中创建一个粒子系统的游戏对象，如图 8-1 所示。也可以在游戏场景中创建一个空游戏对象，然后用给该游戏对象添加 Particle System 组件的方法创建粒子系统的游戏对象。选中一个粒子系统的游戏对象时，在场景视图中有一个粒子效果(Particle Effect)面板，如图 8-2 所示。该窗口用于调试粒子系统的运行效果。

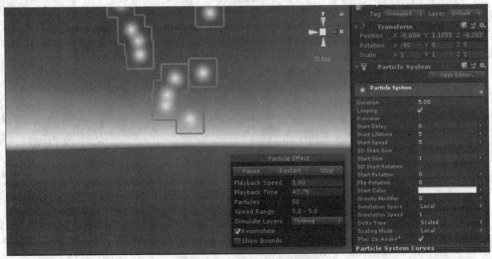

图 8-1　在场景中创建粒子系统

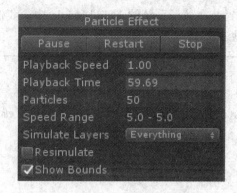

图 8-2　粒子效果面板

8.2　粒子系统的组件

8.2.1　主 模 块

我们可以通过 C#编程的方式控制单个粒子与粒子系统的相互作用，同时粒子系统的组件可以与 Unity 的物理系统相结合。粒子系统的参数面板如图 8-3 所示。

Particle System		
Duration	5.00	
Looping	✓	
Prewarm		
Start Delay	0	
Start Lifetime	5	
Start Speed	5	
3D Start Size	☐	
Start Size	1	
3D Start Rotation	☐	
Start Rotation	0	
Flip Rotation	0	
Start Color		
Gravity Modifier	0	
Simulation Space	Local	
Simulation Speed	1	
Delta Time	Scaled	
Scaling Mode	Local	
Play On Awake*	✓	
Emitter Velocity	Rigidbody	
Max Particles	1000	
Auto Random Seed	✓	
Stop Action	None	

图 8-3　粒子系统的参数面板

图 8-3 所示的参数都封装在粒子系统的 MainModule 中。我们可以通过粒子系统的组件的 main 性质获取该模块。

```
public class fvc_particle_main : MonoBehaviour{
    void Start() {
        ParticleSystem ps = GetComponent<ParticleSystem>();
        var main = ps.main;
    }
}
```

下面给出了 MainModule 类的主要实例性质。

```
public float duration;
public int maxParticles;
public bool loop;
public bool prewarm;
public bool playOnAwake;
```

其中：

(1) duration：表示粒子系统的持续时间，单位为 s。如果超过这个时间，则粒子系统运行结束。注意：在粒子系统运行时不能改变 duration，参见下面的 fvc_particle_duration 代码。

```
public class fvc_particle_duration : MonoBehaviour {
    void Start () {
        ParticleSystem ps = this.GetComponent<ParticleSystem>();
        ps.Stop();
        ParticleSystem.MainModule main = ps.main;
        main.duration=3.0f;
        ps.Play();
    }
}
```

(2) maxParticles：粒子系统同时所展示的最多粒子数。如果该值选定为 2，则表示粒子系统同时显示的是 2 个粒子；如果其中一个消失，则马上创建一个新的粒子。

(3) loop：表示粒子系统在持续时间 duration 之后是否循环进行，true 表示循环进行，false 表示运行一次就结束。

(4) prewarm：在 loop 设定为 true 的前提下，如果 prewarm 也设定为 true，表示粒子

系统一开始就持续存在。

(5) playOnAwake：表示粒子系统在游戏对象创建时自动运行。

```
public class fvc_particle_awake : MonoBehaviour {
    private ParticleSystem ps;
    void Start () {
        ps = this.GetComponent<ParticleSystem>();
        ParticleSystem.MainModule main = ps.main;
        main.playOnAwake = false;
    }
    void OnGUI() {
        if(GUI.Button(new Rect(10, 60, 200, 30), "开始")) {
            ps.Play();
        }
    }
}
```

下面给出的是 MainModule 类的其他实例性质。

```
public ParticleSystem.MinMaxCurve gravityModifier;
public float gravityModifierMultiplier;
public ParticleSystemSimulationSpace simulationSpace;
public float simulationSpeed;
public bool useUnscaledTime;
```

其中：

(1) gravityModifier：缩放(scale)粒子的重力效果，如果 gravityModifier 设置为 0，则表示无重力效果，如果 gravityModifier 大于 1，则放大重力效果。

(2) gravityModifierMultiplier：用来缩放粒子的重力效果，其用法与 gravityModifier 相同。

(3) simulationSpace：粒子系统的模拟空间。它有三个选项：Local 表示粒子系统在父节点游戏对象的坐标空间，此时粒子系统会随着父节点一起运动；World 表示粒子系统在世界坐标系下；Custom 表示粒子系统在某个指定的游戏对象坐标系下。

(4) simulationSpeed：表示粒子系统的播放速度，该值越大，粒子系统模拟越快，粒子系统结束越快。

(5) useUnscaledTime：如果设置为 true，则用实际的时间间隔 Delta time(参见 Time Settings 和 Time Manager)模拟粒子系统，否则使用缩放的时间间隔。游戏暂停时可以设定 useUnscaledTime 为 false，然后让 Time.timeScale=0，参见下面的 fvc_scale_time 代码。

```
public class fvc_scale_time : MonoBehaviour {
    private ParticleSystem ps;
    void Start () {
        ps = GetComponent<ParticleSystem>();
        var main = ps.main;
        main.useUnscaledTime = false;
        Time.timeScale = 4;
    }
    void OnGUI(){
        if(GUI.Button(new Rect(25,40,100,30),"暂停")){
            Time.timeScale = 0;
        }
    }
}
```

粒子系统的主模块给出了下列以 start 开头的若干个性质,用于控制粒子系统启动时的状态。

```
public ParticleSystem.MinMaxCurve startDelay;

public ParticleSystem.MinMaxCurve startLifetime;

public ParticleSystem.MinMaxCurve startSpeed;

public ParticleSystem.MinMaxGradient startColor;

public ParticleSystem.MinMaxCurve startSize;

public ParticleSystem.MinMaxCurve startRotation;

public bool startRotation3D;

public bool startSize3D;
```

其中:

(1) startDelay:在 prewarn 设置为 false 时,我们可以通过 startDelay 延迟启动粒子系统发射粒子(以 s 为单位)。

(2) startLifetime:单个粒子的寿命。

(3) startSpeed:粒子的初始速度。

(4) startColor:粒子的初始颜色。

(5) startSize:粒子的初始大小。

(6) startRotation:粒子的初始角度(z 轴的旋转角度,左手系),单位为(°)。

(7) startRotation3D:指定粒子在 x、y 和 z 方向上的旋转量,默认时如图 8-4(a)所示,在启用三个方向上的旋转之后(即 startRotation3D = true),让粒子在 x、y 和 z 方向上旋转 45°,得到图 8-4(b)所示的效果。请参见 fvc_start_rotation 中的代码。

```
public class fvc_start_rotation : MonoBehaviour {
    private ParticleSystem ps;
    void start(){
        ps = GetComponent<ParticleSystem>();
        var psr = GetComponent<ParticleSystemRenderer>();
        psr.material = new Material(Shader.Find("Sprites/Default"));
        ParticleSystem.MainModule main = ps.main;
        main.startRotation3D = true;
        main.startRotationX = 45 * Mathf.Deg2Rad;
        main.startRotationY = 45 * Mathf.Deg2Rad;
        main.startRotationZ = 45 * Mathf.Deg2Rad;
    }
}
```

(a) 默认时   (b) x、y、z 方向旋转 45° 时

图 8-4 粒子旋转效果

(8) startSize3D：指定粒子在 x、y 和 z 方向上的大小，如下面的 fvc_start_3d 代码所示。首先在 Start() 函数中设定 startSize3D 为 true，表示启用不同方向上的粒子的初始大小。缺省时如果 startSize3D 为 false，则此时改变 startSizeXMultiplier 等同于改变 startSizeMultiplier。

```
public class fvc_start_3d : MonoBehaviour {
    private ParticleSystem.MainModule main;
    private float slider_value = 1.0f;
    void Start () {
        ParticleSystem ps = GetComponent<ParticleSystem>();
        main = ps.main;
        main.startSize3D = true;
    }
    void Update(){
```

```
                main.startSizeXMultiplier = slider_value;
        }
        void OnGUI() {
                slider_value = GUI.HorizontalSlider(new Rect(25, 45, 100, 30),
                        slider_value, 0, 10);
        }
    }
```

下面的 fvc_particle_start 代码通过滑块改变粒子的初始速度 startSpeed。startSpeed 是 MinMaxCurve 类型，在 fvc_particle_start 中直接改变 startSpeed，该方法没有使用 startSpeedMultiplier 改变粒子速度的效率高，所以优化方案是将 fvc_particle_start 类中 Update() 函数中的 main.startSpeed = value_slider 改成 main. startSpeedMultiplier = value_slider。

```
    public class fvc_particle_start : MonoBehaviour {
        private ParticleSystem.MainModule main;
        private float value_slider=1.0f;
        void Start () {
                main = GetComponent<ParticleSystem>().main;
        }
        void Update(){
                main.startSpeed = value_slider;
        }
         void OnGUI(){
                value_slider = GUI.HorizontalSlider(new Rect(25, 45, 200, 30),
                        value_slider, 0, 10);
        }
    }
```

下面给出的是 MainModule 类的实例性质。

```
    public ParticleSystemStopAction stopAction;
    public ParticleSystemScalingMode scalingMode;
```

其中：

(1) stopAction：表示粒子系统中所有粒子都结束时粒子系统所执行的动作。stopAction 有四个可选项：None 表示不作任何动作；Disable 表示粒子系统失效；Destroy 表示销毁粒子系统；Callback 表示指定回调函数，此时必须在自定义的 MonoBehaviour 类中定义 OnParticleSystemStopped()函数。当粒子的运行时间超过其寿命时，粒子系统运行结束，同时要注意当 loop 为 true 时，除非通过代码让粒子系统运行结束，否则永远不会执行 stopAction。

如下的 fvc_stop_action 代码展示了 stopAction 的使用方法。

```
public class fvc_stop_action : MonoBehaviour {
    private ParticleSystem ps;
    void Start () {
        ps = GetComponent<ParticleSystem>();
        var main = ps.main;
        main.loop = false;
        main.stopAction = ParticleSystemStopAction.Callback;
    }
    void OnParticleSystemStopped(){
        Destroy(ps);
    }
}
```

(2) scalingMode：表示如何使用 Transform 组件中的 scale 参数。scalingMode 有三个选项：Local 表示缩放只是作用到粒子的大小；Shape 表示缩放只是作用到粒子的起始位置上，不影响粒子的大小，比如 Scale 中的 x 值小于 1，则粒子在 x 方向上比较集中，如果 x 值大于 1，则粒子在 x 方向上就比较分散，也就是缩放了粒子的 x 值；Hierarchy 表示 Local 和 Shape 的综合作用。

粒子系统中多个参数属于 MinMaxCurve、MinMaxGradient、ParticleSystemCurveMode 类型。使用这些参数便于在模拟过程中计算不同时间点的变化值，相关知识请参见第 2 章。

8.2.2　发 射 模 块

粒子系统的发射模块用于处理发射粒子的数量和发射时间。调整发射模块的参数可以得到连续发射粒子的粒子流，也可以产生迸发的粒子团。在粒子系统组件检视图面板中勾选 Emission，即可打开发射模块的参数面板，如图 8-5 所示。

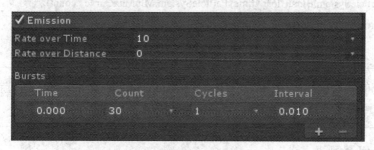

图 8-5　发射模块的参数面板

下面分别介绍发射模块参数面板中的参数：

(1) Rate over Time：每秒发射的粒子数量。

(2) Rate over Distance：单位距离上发射的粒子数量。

(3) Bursts：列出了发射模块中所有的迸发。通过面板上的"+"号和"−"号可以添加和删减迸发。

在使用粒子系统的发射模块时，必须对 Burst 类有所了解。粒子系统一次性同时发射出多个粒子的事件称为迸发，用 Burst 类描述。下面是该类的实例性质。

```
public ParticleSystem.MinMaxCurve count;

public int cycleCount;

public short maxCount;

public short minCount;

public float probability;

public float repeatInterval;

public float time;
```

其中：

(1) count：表示迸发的粒子数目。

(2) cycleCount：指定粒子系统的迸发次数。

(3) maxCount：指明一次迸发所发射粒子的最多数目。

(4) minCount：指明一次迸发所发射粒子的最小数目。

(5) probability：表示发生本次迸发的概率，取值范围在 0~1 之间。

(6) repeatInterval：表示迸发之间的时间间隔，以 s 为单位。

(7) time：表示本次迸发的发生时间，从粒子系统播放开始计时。

粒子系统提供了多个 Burst 构造函数用来初始化上述变量。

```
public ParticleSystem.Burst(float _time, short _count);

public ParticleSystem.Burst(float _time, short _minCount, short _maxCount);

public ParticleSystem.Burst(float _time, short _minCount, short _maxCount, int _cycleCount,
                    float _repeatInterval);

public ParticleSystem.Burst(float _time, ParticleSystem.MinMaxCurve _count);

public ParticleSystem.Burst(float _time, ParticleSystem.MinMaxCurve _count,
                    int _cycleCount, float _repeatInterval);
```

粒子系统的发射模块用 ParticleSystem.EmissionModule 类来描述。通过粒子系统中的 emission 性质可以获取该模块。EmissionModule 类的公有性质如下：

```
public bool enabled;

public int burstCount;

public ParticleSystem.MinMaxCurve rateOverTime;

public ParticleSystem.MinMaxCurve rateOverDistance;

public float rateOverTimeMultiplier;

public float rateOverDistanceMultiplier;
```

其中：

(1) enabled：表示是否启动发射模块， false 表示不启动发射模块，true 表示启动发射模块。

(2) burstCount：表示粒子系统的迸发次数。

(3) rateOverTime：表示多长时间发射一个新粒子。

(4) rateOverDistance：粒子发射时的运动速率。

(5) rateOverTimeMultiplier：通过乘数的方法改变 rateOverTime。

(6) rateOverDistanceMultiplier：通过乘数的方法改变 rateOverDistance。该值越小，发射粒子的间隔越长，发射粒子越慢。

下面的 fvc_burst 代码展示了 Burst 的使用方法。发射模块的 time=5 和 10 时，分别同时发射 20 和 40 个粒子。为了看到这两种迸发效果，在主模块中设定最大粒子数大于 40，粒子寿命尽量小，可以取如下值：maxParticles=100，startLifetime=1。可以看到，在两个不同时刻，粒子系统突然同时发射大量粒子，即所谓的迸发。

```
public class fvc_burst : MonoBehaviour {
    ParticleSystem.EmissionModule em;
    void Start() {
        em = GetComponent<ParticleSystem>().emission;
        em.enabled = false;
    }
    void OnGUI()
    {
    if(GUI.Button(new Rect(100,40,200,50),"发射")){
        em.enabled = true;
        em.SetBursts(new ParticleSystem.Burst[]{
                new ParticleSystem.Burst(5f, 20),
                new ParticleSystem.Burst(10f, 40), }
                );
        }
    }
}
```

8.2.3 形状模块

粒子系统的形状模块用来设置粒子的形状、初始位置和方向。图 8-6 所示是粒子系统的形状模块的参数设置面板。

```
✓ Shape
Shape                    Cone                          ↕
Angle                    25
Radius                   1
Radius Thickness         1
Arc                      360
   Mode                  Random                        ↕
   Spread                0
   Length                5
Emit from:               Base                          ↕

Texture                  None (Texture 2D)             ⊙
Clip Channel             Alpha                         ↕
Clip Threshold           0
Color affects Particles  ✓
Alpha affects Particles  ✓
Bilinear Filtering       ☐

Position         X    0        Y    0        Z    0
Rotation         X    0        Y    0        Z    0
Scale            X    1        Y    1        Z    1

Align To Direction       ☐
Randomize Direction      0
Spherize Direction       0
Randomize Position       0
```

图 8-6　形状模块的参数面板

　　面板中的第一个参数是 Shape，表示粒子形状类型。目前系统提供了 11 种粒子形状类型：Sphere、Hemisphere、Cone、Donut、Box、Mesh、MeshRenderer、SkinnedMeshRenderer、Circle、Edge 和 Rectangle。当 Shape 展开时，在场景图中会显示粒子形状。例如，图 8-7 所示为 Cone 状，即锥状，沿着 z 方向形成锥状的粒子效果，选中形状中的小方块，可以调节形状的参数。

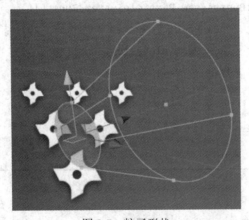

图 8-7　粒子形状

　　上述形状模块的 C# 类为 ParticleSystem.ShapeModule。我们可以通过粒子系统的 shape 获取该模块，并进一步设置形状模块中的各个参数。下面给出形状模块中若干非常重要的实例性质：

```
public Texture2D texture;
```

其中：

texture：指定粒子的纹理，形状模块从纹理读取数据对粒子进行上色。

形状模块中与空间数据相关的实例性质如下：

```
public Vector3 position;
public Vector3 rotation;
public Vector3 scale;
public bool alignToDirection;
```

其中：

(1) position：调整形状位置，表示与粒子系统位置的偏移量。图 8-8(a)所示为 position = (1, 0, 0)的情形(与图 8-7 进行比较)，粒子系统位置就是粒子系统游戏对象的 Transform 组件的 position。

(2) rotation：表示形状相对粒子系统的旋转角度。图 8-8 (b)所示为 rotation = (45, 0, 0)的情形，即绕 z 轴旋转 45°。

(3) scale：表示对粒子形状进行缩放。图 8-8 (c)所示为 scale = (0.5, 1, 1)的情形。

(4) alignToDirection：使粒子按照初始运动方向进行方位调整，与主模块中的 startRotation 参数配合可以得到需要的结果，如图 8-9 所示。

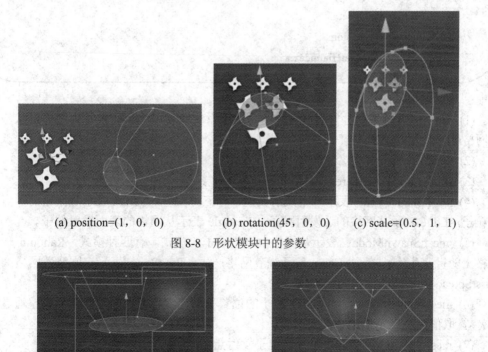

(a) position=(1, 0, 0)　　　(b) rotation(45, 0, 0)　　　(c) scale=(0.5, 1, 1)

图 8-8　形状模块中的参数

(a) alignToDirection = false, startRotation = 0　　(b) alignToDirection = false, startRotation = 45

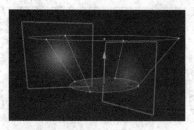 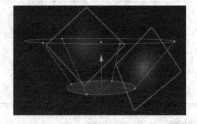

(c) alignToDirection = true, startRotation = 0　　　(d) alignToDirection = true, startRotation = 45

图 8-9　形状模板中 alignToDirection 的使用

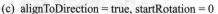

在图 8-6 所示的形状模块参数面板中，当形状类型设定为 Mesh 时，表示粒子是从某个指定的网格模型中发射出来。下面给出与 mesh 相关的 ShapeModule 类性质。

```
public Mesh mesh;
public MeshRenderer meshRenderer;
public SkinnedMeshRenderer skinnedMeshRenderer;
public ParticleSystemMeshShapeType meshShapeType;
public ParticleSystemShapeMultiModeValue meshSpawnMode;
public ParticleSystem.MinMaxCurve meshSpawnSpeed;
public float meshSpawnSpread;
public float meshSpawnSpeedMultiplier;
public float normalOffset;
public bool useMeshColors;
public bool useMeshMaterialIndex;
```

其中：

(1) mesh：指向某个对象的网格，此时粒子系统所使用的形状被称为网格形状，表示从网格模型上发射粒子。

(2) meshRenderer：对象的网格渲染器。

(3) skinnedMeshRenderer：对象的蒙皮网格渲染器。

(4) meshShapeType：表示网格发射类型，有三种类型，Vertex 表示从网格的顶点上发射粒子，Edge 表示从网格的边发射粒子，Triangle 表示从网格的表面发射粒子。

(5) meshSpawnMode：表示从网格上产生粒子的模式，有四种模式，Random 表示在网格上随机产生(缺省值)，Loop 表示绕着网格产生，PingPong 表示来回绕着网格产生，BurstSpread 表示绕着网格周围均匀产生。

(6) meshSpawnSpeed：表示产生粒子的位置移动速度，取值为 1 时表示完整通过网格 1 次/s，取值为 2 表示通过 2 次/s。

(7) meshSpawnSpread：表示控制粒子发射点的间隙。

(8) meshSpawnSpeedMultiplier：使用乘数调整 meshSpawnSpeed，效率更高。

(9) normalOffset：表示粒子离开网格表面的距离。

(10) useMeshColors：是否用网格顶点颜色(或材质颜色,如果没有顶点颜色)调节粒子颜色。

(11) useMeshMaterialIndex：是否指定从网格的某个材质发射粒子，如果为 false 表示从整个网格上发射粒子。

8.2.4 拖尾模块

粒子运动过程中往往带有尾部痕迹，比如流星现象，如图 8-10 所示，在粒子系统中定义了拖尾模块用于解决这一类问题，在粒子系统组件中选中 Trails 并点击可以展开检视图的参数控制面板，如图 8-11 所示。

图 8-10　粒子运动过程中的拖尾现象

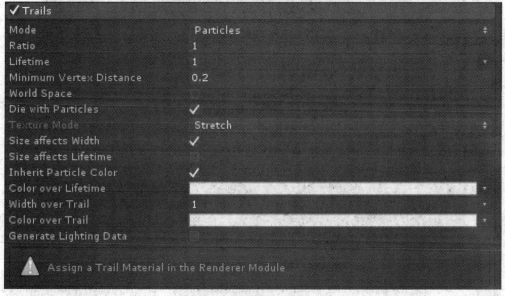

图 8-11　拖尾模块参数面板

拖尾模块用 TrailModule 类进行描述，通过下面的代码可以获取粒子系统组件中的拖尾模块。

```
void Start(){
  ParticleSystem ps=this.GetComponent<ParticleSystem>();
  ParticleSystem.TrailModule trail=ps.trail;
}
```

8.3　粒子系统渲染器

粒子系统渲染器是自动添加到粒子系统游戏对象上的组件。但要注意，在检视图面板上的粒子系统渲染器组件是与粒子系统组件合并在一起的，所以展开粒子系统组件，并点击 Renderer 标题栏，可以展开粒子系统渲染器的参数面板，如图 8-12 所示。

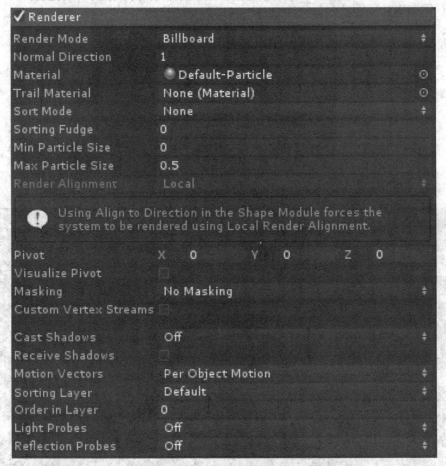

图 8-12　粒子系统渲染器参数面板

粒子系统渲染器对应的类名为 ParticleSystemRenderer，其基类为 Renderer。下面我们逐一介绍该类的主要实例性质。

```
public ParticleSystemRenderMode renderMode;
public float normalDirection;
public Material material;
public Material trailMaterial;
```

其中：

(1) renderMode：用以指定粒子系统的渲染模式，总共有五种模式，如图 8-13 所示，缺省广告牌模式(Billboard)表示粒子面向相机(缺省值)进行渲染，相机移动，粒子会向着相机旋转，不会出现粒子所在的平面顺着相机视线而出现狭窄、变形的粒子；拉伸模式(Stretch)表示粒子在沿着运动方向拉伸；水平广告牌模式(HorizontalBillboard)表示粒子总是沿着 y 轴向上；竖直广告牌模式(VerticalBillboard)表示粒子总是面向玩家；网格模式(Mesh)表示粒子按网格渲染模式。None 表示不渲染。

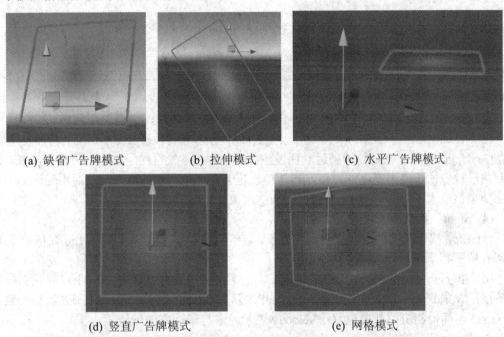

(a) 缺省广告牌模式　　　　(b) 拉伸模式　　　　(c) 水平广告牌模式

(d) 竖直广告牌模式　　　　(e) 网格模式

图 8-13　粒子系统渲染模式

(2) normalDirection：描述广告牌法线指向相机的程度，在 0～1 之间取值。1 表示法线完全对准相机。

(3) material：渲染器的主材质。fvc_renderer_material 代码展示了粒子渲染器材质的使用。

```
public class fvc_renderer_material : MonoBehaviour {
    public Material mat;
    private ParticleSystem ps;
    private ParticleSystemRenderer psr;
    void Start () {
        ps = this.GetComponent<ParticleSystem>();
        psr = this.GetComponent<ParticleSystemRenderer>();
        psr.material = mat;
    }
}
```

(4) trailMaterial：表示粒子运动轨迹或运动尾部痕迹所用材质。

下面是一组 ParticleSystemRenderer 类的实例性质。这些性质会影响粒子系统的形状和尺寸。

```
public Mesh mesh;
public float velocityScale;
public float lengthScale;
public Vector3 pivot;
public Vector3 flip;
public ParticleSystemRenderSpace alignment;
```

其中：

(1) mesh：设定粒子系统中的粒子不使用广告板纹理图片，而是使用网格。

(2) velocityScale：设定粒子随其速度发生延展的程度，使得粒子会随着速度的增加而拉长。

(3) lengthScale：设定粒子随运动而发生延展的程度，使得粒子沿运动方向而拉长。该值取决于粒子的长度与宽度的比值。当该值设定为 1.0 时，保持原有尺寸而不受运动的影响。如果该值大于 1.0，则粒子的长度比其宽度大。

(4) pivot：指定旋转粒子的支点。

(5) flip：按比例沿每个轴方向反转粒子，取值范围在 0～1 之间。如果 flip 取值等于 1，则所有粒子都反转。

(6) alignment：用来控制所有粒子所面向的方向。一共有 5 种方式，View 表示面向相机平面；World 表示与世界坐标对齐；Local 表示与粒子系统的本地 transform 组件一致；Facing 表示面向相机的朝向位置；Velocity 表示粒子与运动方向一致。

与游戏对象的渲染器一样，粒子系统渲染器也有设置和获取网格的相关函数：

```
public void SetMeshes(Mesh[] meshes);
public int GetMeshes(out Mesh[] meshes);
```

其中：

(1) SetMeshes：在粒子不使用广告板模式的情况下，设定粒子系统中粒子的网格，从而确定粒子外形。

(2) GetMeshes：获取粒子的网格数组。

下面的代码展示了如何设置粒子系统的网格数据。将 fvc_renderer_meshes 添加到粒子系统游戏对象上，在检视图面板上设置网格数组 meshes。

```
public class fvc_renderer_meshes : MonoBehaviour
{
    public Mesh[] meshes;
    private ParticleSystem ps;
    private ParticleSystemRenderer psr;
    void Start()  {
```

```
        ps = GetComponent<ParticleSystem>();
        psr = GetComponent<ParticleSystemRenderer>();
        psr.renderMode = ParticleSystemRenderMode.Mesh;
        psr.SetMeshes(meshes);
    }
}
```

习   题

8.1 粒子系统主要用来模拟现实当中的什么现象？

8.2 如何利用 Unity 编辑器创建粒子系统游戏对象？

8.3 粒子系统主模块的 Duration 和 Looping 参数有何意义？

8.4 什么是粒子系统的迸发？一次迸发用 Burst 类描述，请分析如何设定一次迸发的粒子数目。

8.5 如何设定粒子系统中单个粒子的形状？

8.6 如何设定粒子系统的整体形状？

8.7 如果要模拟坦克行驶过程中的尾气排放效果，需要对粒子系统的形状模块进行什么设置？

参 考 文 献

[1]　LINOWES J. Unity Virtual Reality Projects[M]. Birmingham: Packt Publishing Ltd., 2015.

[2]　Unity 官方文档，2020. https://docs.unity3d.com/Manual.

[3]　陈泉宏. Unity API 解析[M]，北京：人民邮电出版社，2014.

[4]　HOCKING J. Unity In Action: Multiplatform game development in C#[M]. New York: Manning Publications Co., 2015.

[5]　RANI K A. Learning Unity Physics[M]. Birmingham: Packt Publishing Ltd., 2014.

[6]　WELLS R. Unity 2020 By Example[M]. 3rd ed. Birmingham: Packt Publishing Ltd., 2020.